안전관리 최고의 전문가가 집필한

연구실 안전관리사

2차시험 과목별 적중예상문제집

강병규 이홍주 강지영 지음

BM (주)도서출판 **성안당**

■ 도서 A/S 안내

성안당에서 발행하는 모든 도서는 저자와 출판사, 그리고 독자가 함께 만들어 나갑니다.

좋은 책을 펴내기 위해 많은 노력을 기울이고 있습니다. 혹시라도 내용상의 오류나 오탈자 등이 발견되면 "좋은 책은 나라의 보배"로서 우리 모두가 함께 만들어 간다는 마음으로 연락주시기 바랍니다. 수정 보완하여 더 나은 책이 되도록 최선을 다하겠습니다.

성안당은 늘 독자 여러분들의 소중한 의견을 기다리고 있습니다. 좋은 의견을 보내주시는 분께는 성안당 쇼핑몰의 포인트(3,000포인트)를 적립해 드립니다.

잘못 만들어진 책이나 부록 등이 파손된 경우에는 교환해 드립니다.

본서 기획자 e-mail : coh@cyber.co.kr(최옥현)

홈페이지 : http://www.cyber.co.kr

전화 : 031) 950-6300

연구실은 안전이 검증되지 않은 새로운 재료나 기계, 공정을 개발하는 과정이 많아 일반 사업장보다 다양한 잠재 위험요소들을 갖고 있지만, 유사 안전분야 자격취득자나 연구실 경력자가 연구실 안전업무를 수행하는 경우가 많았습니다.

이에 연구실 환경의 특수성을 인식하여 2005년 연구실안전법이 제정되었지만, 350여 개 대학 및 6천여 개 연구실의 안전환경관리자들은 안전점검과 진단, 안전교육 등 연구실사고 방지를 위한 기술적 지도와 조언을 아끼지 않는 노력에도 불구하고, 연구실안전에 특화된 국가기술자격의 도입은 늦어져 그동안의 경력관리를 제대로 하지 못했습니다.

이러한 안타까운 현실에 본 수험서의 주 저자이자 전국연구실안전환경관리자협의회 초대회장인 강병규 박사를 비롯하여 각 분야의 전문가인 공저자가 10여 년 동안 정부 관할부서와 함께 참여한 결과, 2022년 연구실관리사 첫 시험을 통하여 이제는 국가공인 자격을 갖춘 관리자로서 경력관리를 할 수 있게 되었습니다.

본 수험서는 연구실안전법의 태동부터 제도 개선에 참여하여 연구실안전의 경험과 흐름을 파악하고 있는 각 분야 최고의 전문가가 연구실안전관리사 자격시험에 합격할 수 있는 문제를 엄선하여 제공합니다.

2차 시험은 1차 시험 범위와 비슷하므로 1차 시험 공부를 충실히 했다면 문제가 없을 듯도 하지만, 주관식으로 답안을 직접 작성하는 것에 대한 두려움도 있을 것입니다. 본 수험서는 다양한 유형의 단답형 문제를 통해 1차 시험을 공부하며 익혔던 핵심이론을 정리하고, 서술형 문제를 통해 시험에 나올만한 주요 내용을 전체적으로 암기할 수 있도록 구성하였습니다. 또한 출제 가능성이 높은 단답형·서술형 문제를 실전 모의고사로 구성하여 시험 보기 전에 마무리 점검을 하고, 부족한 부분은 바로 암기할 수 있도록 하였습니다.

끝으로 본 도서의 출간되기까지 애써 주신 성안당 임직원 여러분께 감사드리며, 수험생 여러분의 분투와 노력이 결실을 거두길 진심으로 기원합니다.

저자 일동

▶ 시험소개

연구실안전관리사 자격시험은 「연구실 안전환경 조성에 관한 법률」에 따라 연구실 안전의 전문지식을 갖춘 인력을 양성하기 위해 과학기술정보통신부에서 2022년 신설된 국가자격시험이다.

▶ 시험절차

| 원서
접수 | → | 제1차
시험 | → | 제2차
시험 | → | 합격자
발표 | → | 자격증
교부 | → | 교육
훈련 | → | 직무
수행 |

※ 원서 접수 및 응시자격 서류 제출은 자격시험 홈페이지(safelab.kpc.or.kr)에서만 가능하며, 우편 및 방문 접수는 불가

▶ 제2차 시험 응시자격

당 회의 제1차 시험에 합격한 사람, 또는 이전 회의 제1차 시험에 합격한 사람(제1차 시험에 합격한 사람은 다음 회의 시험에 한하여 제1차 시험이 면제)

▶ 제2차 시험 방법

구분	출제 유형	문항수/배점	시험 시간	시험접수비
제2차 시험	주관식·서술형	12문항/100점	총 120분	35,700원

※ 제2차 단답형/서술형 답안 작성은 반드시 검정 볼펜으로 작성하여야 함.
※ 답안 정정 시에는 반드시 정정 부분을 두 줄(=)로 긋고 해당 답안 칸에 다시 기재하여야 하며, 수정테이프(액) 등을 사용했을 경우 채점 상의 불이익을 받을 수 있으므로 사용하지 말 것.

제2차 시험범위

과목명	시험범위
연구실 안전관리 실무	• 연구실 안전 관련 법령 • 연구실 화학·가스 안전관리 • 연구실 기계·물리 안전관리 • 연구실 생물 안전관리 • 연구실 전기·소방 안전관리 • 연구활동종사자 보건·위생관리에 관한 사항

합격자 결정

• 제2차 시험 : 100점을 만점으로 하여 60점 이상을 득점한 응시자

 ※ 제1차 및 제2차 시험을 모두 합격한 경우라도, 연구실안전법 제36조에 따른 결격사유에 해당하는 경우 최종 불합격 처리됨.

자격증 교부

연구실안전관리사 제2차 시험 합격자는 한국생산성본부 연구실안전관리사 자격시험 홈페이지를 통해 자격증 발급을 신청하여 교부기관에서 발급받는다.

연구실안전관리사
자격증

과학기술
정보통신부

과학기술정보통신부
MINISTRY OF SCIENCE AND ICT

LABORATORY SAFETY
MANAGER

CERTIFICATE

주 의 사 항

1. 관계자의 요청이 있을 때에는 연구실안전관리사 자격증을 제시해야 합니다.

2. 연구실안전관리사 자격증을 타인에게 대여한 경우 등에는 「연구실 안전환경 조성에 관한 법률」 제38조에 따라 연구실안전관리사 자격이 취소되거나 2년의 범위에서 그 자격이 정지될 수 있습니다.

3. 연구실안전관리사 자격이 취소되거나 정지된 사람은 지체 없이 연구실안전관리사 자격증을 과학기술정보통신부장관에게 반납해야 합니다.

연구실안전관리사 자격증

자격번호:
성 명:
생년월일:
주 소:

사진
(3.5cm×4.5cm)

위 사람은 「연구실 안전환경 조성에 관한 법률」에 따른 연구실안전관리사 자격을 취득하였음을 증명합니다.

합격 연월일 : 년 월 일
발급 연월일 : 년 월 일

과학기술정보통신부장관 직인

연구실안전관리사 교육·훈련

자격을 취득한 연구실안전관리사는 과학기술정보통신부장관이 실시하는 교육·훈련(24시간 이상)을 이수하여야 한다.

구분	교육·훈련 과목	교육시간
연구실안전 이론 및 안전 관련 법률	① 연구실 안전의 특성 및 이론 ② 연구실안전법의 이해 ③ 실무에 유용한 국내 안전 관련 법률	6시간 이상
연구실 안전관리 실무	① 연구실안전관리사의 소양 및 책무 ② 연구실 안전관리 일반 ③ 사고대응 및 안전시스템 ④ 연구실 안전점검·정밀안전진단	8시간 이상
위험물질 안전관리 기술	① 화학·가스 안전관리 ② 기계·물리 안전관리 ③ 생물 안전관리 ④ 전기·소방 안전관리 ⑤ 연구실 보건·위생관리	10시간 이상

연구실안전관리사의 직무

직무(연구실안전법 제35조 및 시행령 제30조)

(1) 연구시설·장비·재료 등에 대한 안전점검·정밀안전진단 및 관리
(2) 연구실 내 유해인자에 관한 취급 관리 및 기술적 지도·조언
(3) 연구실 안전관리 및 연구실 환경 개선 지도
(4) 연구실사고 대응 및 사후 관리 지도
(5) 그 밖에 연구실 안전에 관한 사항으로서 대통령령으로 정하는 사항(아래)
　　① 사전유해인자위험분석 실시 지도
　　② 연구활동종사자에 대한 교육·훈련
　　③ 안전관리 우수연구실 인증 취득을 위한 지도
　　④ 그 밖에 연구실 안전에 관하여 연구활동종사자 등의 자문에 대한 응답 및 조언

목 차

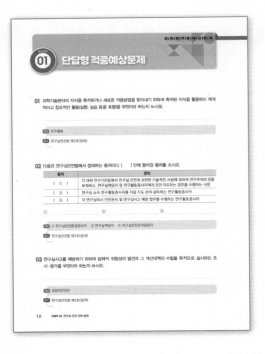

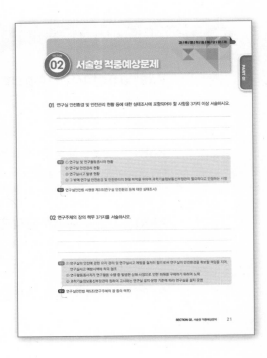

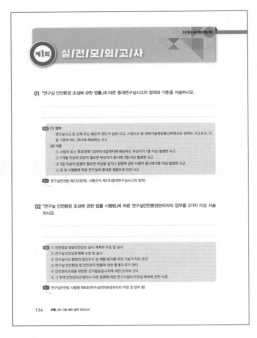

단답형 적중예상문제

각 과목별 핵심이론을 다양한 유형의 단답형 문제로 구성하여 따로 이론을 공부할 필요 없이 단답형 문제를 풀면서 핵심이론을 학습할 수 있습니다.

서술형 적중예상문제

시험에 나올만한 주요 암기내용을 서술형 문제로 구성하여 단답형 문제로 훑어본 내용을 전체적으로 정리하며 암기할 수 있습니다.

실전 모의고사

출제 가능성이 높은 단답형·서술형 문제를 모의고사로 구성하여 시험 보기 전에 마무리 점검을 하고, 부족한 부분은 바로 암기할 수 있습니다.

PART 01

연구실
안전 관련 법령

단답형 적중예상문제

01 과학기술분야의 지식을 축적하거나 새로운 적용방법을 찾아내기 위하여 축적된 지식을 활용하는 체계적이고 창조적인 활동(실험·실습 등을 포함)을 무엇이라 하는지 쓰시오.

> **정답** 연구활동
>
> **참고** 연구실안전법 제2조(정의)

02 다음은 연구실안전법에서 정의하는 용어이다. ( ) 안에 들어갈 용어를 쓰시오.

용어	정의
(①)	각 대학·연구기관등에서 연구실 안전과 관련한 기술적인 사항에 대하여 연구주체의 장을 보좌하고, 연구실책임자 등 연구활동종사자에게 조언·지도하는 업무를 수행하는 사람
(②)	연구실 소속 연구활동종사자를 직접 지도·관리·감독하는 연구활동종사자
(③)	각 연구실에서 안전관리 및 연구실사고 예방 업무를 수행하는 연구활동종사자

①   ②   ③

> **정답** ① 연구실안전환경관리자   ② 연구실책임자   ③ 연구실안전관리담당자
>
> **참고** 연구실안전법 제2조(정의)

03 연구실사고를 예방하기 위하여 잠재적 위험성의 발견과 그 개선대책의 수립을 목적으로 실시하는 조사·평가를 무엇이라 하는지 쓰시오.

> **정답** 정밀안전진단
>
> **참고** 연구실안전법 제2조(정의)

04 연구실사고 중 손해 또는 훼손의 정도가 심한 사고로서, 사망사고 등 과학기술정보통신부령으로 정하는 사고를 무엇이라 하는지 쓰시오.

_____

정답 중대연구실사고

참고 연구실안전법 제2조(정의)

05 다음은 중대연구실사고의 기준에 대한 설명이다. (　　) 안에 들어갈 숫자를 쓰시오.

- 사망자 또는 과학기술정보통신부장관이 정하여 고시하는 후유장해 1급부터 9급까지에 해당하는 부상자가 (①)명 이상 발생한 사고
- (②)개월 이상의 요양이 필요한 부상자가 동시에 (③)명 이상 발생한 사고
- (④)일 이상의 입원이 필요한 부상을 입거나, 질병에 걸린 사람이 동시에 (⑤)명 이상 발생한 사고
- 법 및 시행령에 따른 연구실의 중대한 결함으로 인한 사고
  - 「화학물질관리법」에 따른 유해화학물질, 「산업안전보건법」에 따른 유해인자, 과학기술정보통신부령으로 정하는 독성가스 등 유해·위험물질의 누출 또는 관리 부실
  - 「전기사업법」에 따른 전기설비의 안전관리 부실
  - 연구활동에 사용되는 유해·위험설비의 부식·균열 또는 파손
  - 연구실 시설물의 구조안전에 영향을 미치는 지반침하·균열·누수 또는 부식
  - 인체에 심각한 위험을 끼칠 수 있는 병원체의 누출

① _____　② _____　③ _____

④ _____　⑤ _____

정답 ① 1　② 3　③ 2　④ 3　⑤ 5

참고 연구실안전법 시행규칙 제2조(중대연구실사고의 정의), 시행령 제13조(연구실의 중대한 결함)

06 화학적·물리적·생물학적 위험요인 등 연구실사고를 발생시키거나, 연구활동종사자의 건강을 저해할 가능성이 있는 인자를 무엇이라 하는지 쓰시오.

정답 유해인자

참고 연구실안전법 제2조(정의)

07 다음은 연구실 안전환경 등에 대한 조사에 대한 설명이다. (　　) 안에 들어갈 말을 쓰시오.

> 과학기술정보통신부장관은 법 제4조제4항에 따라 (　①　)마다 연구실 안전환경 및 안전관리 현황 등에 대한 (　②　)을/를 실시한다. 다만, 필요한 경우에는 수시로 (　②　)을/를 할 수 있다.

①　　　　　　　　　　　　　　　　　　　　　　②

정답 ① 2년　② 실태조사

참고 연구실안전법 시행령 제3조(연구실 안전환경 등에 대한 실태조사)

08 다음은 연구실 안전환경 조성 기본계획에 대한 설명이다. (　　) 안에 들어갈 말을 쓰시오.

> - 정부는 연구실사고를 예방하고 안전한 연구환경을 조성하기 위하여 (　①　)마다 연구실 안전환경 조성 기본계획을 수립·시행한다.
> - 기본계획은 (　②　)의 심의를 거쳐 확정한다. 이를 변경하는 경우에도 또한 같다.

①　　　　　　　　　　　　　　　　　　　　　　②

정답 ① 5년　② 연구실안전심의위원회

참고 연구실안전법 제6조(연구실 안전환경 조성 기본계획)

09 다음은 연구실안전심의위원회 구성에 대한 설명이다. (   ) 안에 들어갈 숫자를 쓰시오.

- 심의위원회는 위원장 1명을 포함한 (①   )명 이내의 위원으로 구성한다.
- 심의위원회 위원의 임기는 (②   )년으로 하며, 한 차례만 연임할 수 있다.
- 심의위원회의 정기회의는 연 (③   )회 이상 개최한다.
- 심의위원회의 임시회의는 위원장이 필요하다고 인정할 때 또는 재적위원 (④   ) 이상이 요구할 때 개최한다.

①   ②   ③   ④

정답 ① 15   ② 3   ③ 2   ④ 1/3

참고 연구실안전법 제7조(연구실안전위원회), 시행령 제5조(연구실안전심의위원회의 구성 및 운영)

10 다음은 연구실안전환경관리자의 업무에 대한 설명이다. (   ) 안에 들어갈 말을 쓰시오.

- (①   ) 실시 계획의 수립 및 실시
- 연구실 (②   ) 수립 및 실시
- 연구실사고 발생의 원인조사 및 재발 방지를 위한 (③   )
- 연구실 안전환경 및 안전관리 현황에 관한 (④   )
- 안전관리규정을 위반한 연구활동종사자에 대한 조치의 건의
- 그 밖에 안전관리규정이나 다른 법령에 따른 연구시설의 안전성 확보에 관한 사항

①   ②

③   ④

정답 ① 안전점검·정밀안전진단   ② 안전교육계획   ③ 기술적 지도·조언   ④ 통계의 유지·관리

참고 연구실안전법 시행령 제8조(연구실안전환경관리자 지정 및 업무 등)

11 다음은 연구실안전관리위원회에서 협의하여야 할 사항이다. (   ) 안에 들어갈 말을 쓰시오.

> • (①   )의 작성 또는 변경
> • 안전점검 실시 계획의 수립
> • (②   ) 실시 계획의 수립
> • 안전 관련 (③   ) 및 집행 계획의 수립
> • 연구실 (④   )의 심의
> • 그 밖에 연구실 안전에 관한 주요사항

① _____ ② _____ ③ _____ ④ _____

정답 ① 안전관리규정   ② 정밀안전진단   ③ 예산의 계상   ④ 안전관리 계획

참고 연구실안전법 제11조(연구실안전관리위원회)

12 다음은 연구실 안전관리규정에 포함하여야 하는 사항이다. (   ) 안에 들어갈 말을 쓰시오.

> • 안전관리 조직체계 및 그 직무에 관한 사항
> • (①   ) 및 (②   )의 권한과 책임에 관한 사항
> • (③   )의 지정에 관한 사항
> • (④   )의 주기적 실시에 관한 사항
> • (⑤   )의 설치 또는 부착
> • (⑥   ) 및 그 밖의 연구실사고의 발생을 대비한 긴급대처 방안과 행동요령
> • 연구실사고 조사 및 후속대책 수립에 관한 사항
> • 연구실 안전 관련 예산 계상 및 사용에 관한 사항
> • 연구실 유형별 안전관리에 관한 사항
> • 그 밖의 안전관리에 관한 사항

① _____ ② _____ ③ _____

④ _____ ⑤ _____ ⑥ _____

정답 ① 연구실안전환경관리자   ② 연구실책임자   ③ 연구실안전관리담당자
④ 안전교육   ⑤ 연구실 안전표식   ⑥ 중대연구실사고

참고 연구실안전법 제12조(안전관리규정의 작성 및 준수 등)

13 특정 유해·위험요인이 위험한 상태로 노출되어 특정한 사건으로 이어질 수 있는 사고의 빈도(가능성) 와 강도(중대성)를 조합한 것으로, 위험의 크기 또는 정도에 대한 표시를 무엇이라 하는지 쓰시오.

정답 위험성

참고 사업장 위험성평가에 관한 지침 제3조(정의)

14 잠재 위험요인이 사고로 발전할 빈도(가능성)와 손실 크기(중대성)를 평가하고 위험성이 허용될 수 있 는 범위인지 여부를 평가하는 체계적인 방법으로, 파악된 위험요인을 대상으로 사전에 설정된 방법과 기준에 따라 위험요인의 수준을 정량화하는 과정을 무엇이라 하는지 쓰시오.

정답 위험성평가

참고 사업장 위험성평가에 관한 지침 제3조(정의)

15 다음은 안전점검의 실시에 대한 설명이다. (   ) 안에 들어갈 안전점검의 종류를 쓰시오.

종류	설명
(①)	연구활동에 사용되는 기계·기구·전기·약품·병원체 등의 보관상태 및 보호장비의 관리실태 등을 직접 눈으로 확인하는 점검으로서, 연구활동 시작 전에 매일 1회 실시
(②)	연구활동에 사용되는 기계·기구·전기·약품·병원체 등의 보관상태 및 보호장비의 관리실태 등을 안전점검기기를 이용하여 실시하는 세부적인 점검으로서, 매년 1회 이상 실시
(③)	폭발사고·화재사고 등 연구활동종사자의 안전에 치명적인 위험을 야기할 가능성이 있을 것으로 예상되는 경우에 실시하는 점검으로서, 연구주체의 장이 필요하다고 인정하는 경우에 실시

①   ②   ③

정답 ① 일상점검 ② 정기점검 ③ 특별안전점검

참고 연구실안전법 시행령 제10조(안전점검의 실시 등)

16 다음은 정기점검의 실시에 대한 설명이다. (　　) 안에 들어갈 용어를 쓰시오.

> 연구주체의 장은 안전점검기기를 이용하여 (　①　) 이상 정기점검을 실시한다. 다만, 다음 각 목의
> 어느 하나에 해당하는 연구실의 경우에는 정기점검을 면제한다.
> (1) 영 제10조제1항제2호 관련 영 별표 3에 따른 (　②　) 연구실
> (2) 법 제28조에 따른 (　③　)을/를 받은 연구실

① _____　② _____　③ _____

정답　① 매년 1회　② 저위험　③ 안전관리 우수연구실 인증

참고　연구실안전법 시행령 제10조(안전점검의 실시 등)

17 다음은 정밀안전진단을 실시해야 하는 연구실에 대한 설명이다. (　　) 안에 들어갈 말을 쓰시오.

> 아래에 해당하는 연구실은 (　①　)년마다 (　②　)회 이상 정기적으로 정밀안전진단을 실시해야
> 한다.
> • 연구활동에 「화학물질관리법」에 따른 (　③　)을/를 취급하는 연구실
> • 연구활동에 「산업안전보건법」에 따른 (　④　)을/를 취급하는 연구실
> • 연구활동에 과학기술정보통신부령으로 정하는 (　⑤　)을/를 취급하는 연구실

① _____　② _____　③ _____

④ _____　⑤ _____

정답　① 2　② 1　③ 유해화학물질　④ 유해인자　⑤ 독성가스

참고　연구실안전법 시행령 제11조(정밀안전진단의 실시 등)

18 다음은 「연구실 안전점검 및 정밀안전진단에 관한 지침」의 결과의 평가 및 안전조치에 대한 설명이다. ( ) 안에 들어갈 말을 쓰시오.

> 연구주체의 장은 점검 또는 진단의 실시 결과, 다음의 경우에는 각 호의 조치를 하여야 한다.
> (1) 영 제13조의 중대한 결함이 있는 경우에는 그 결함이 있음을 인지한 날부터 (①) 이내에 과학기술정보통신부장관에게 보고하고 안전상의 조치를 취하여야 한다.
> (2) 안전등급 평가결과 (②)등급 또는 (③)등급 연구실의 경우에는 (④) 또는 철거 등의 안전조치를 이행하고 과학기술정보통신부장관에게 즉시 보고하여야 한다.

① _____ ② _____ ③ _____ ④ _____

정답 ① 7일 ② 4 ③ 5 ④ 사용제한·금지

참고 연구실안전점검 및 정밀안전진단에 관한 지침 제16조(결과의 평가 및 안전조치)

19 다음은 「연구실 안전점검 및 정밀안전진단에 관한 지침」의 서류의 보존에 대한 설명이다. ( ) 안에 들어갈 말을 쓰시오.

> 다음의 보고서 등은 일정기간 이상 보존·관리하여야 한다. 단, 보존기간의 기산일은 보고서가 작성된 다음 연도의 첫날로 한다.
> (1) 일상점검표 : (①)
> (2) 정기점검, 특별안전점검, (②) 결과보고서, 노출도평가 결과보고서 : (③)

① _____ ② _____ ③ _____

정답 ① 1년 ② 정밀안전진단 ③ 3년

참고 연구실안전점검 및 정밀안전진단에 관한 지침 제17조(서류의 보존)

20 다음은 연구활동종사자에 대하여 실시해야 하는 신규 교육·훈련에 대한 설명이다. (   ) 안에 들어갈 말을 쓰시오.

교육대상	교육시기	교육시간
정기적으로 정밀안전진단을 실시하는 연구실에 신규 근로자로 채용된 연구활동종사자	채용 후 (①) 이내	(②) 이상
정밀안전진단을 실시하는 연구실이 아닌 연구실에 신규 근로자로 채용된 연구활동종사자	채용 후 (③) 이내	(④) 이상
대학생, 대학원생 등 연구활동에 참여하는 근로자가 아닌 연구활동종사자	연구활동 참여 후 (⑤) 이내	(⑥) 이상

①   ②   ③

④   ⑤   ⑥

정답 ① 6개월 ② 8시간 ③ 6개월 ④ 4시간 ⑤ 3개월 ⑥ 2시간

참고 연구실안전법 시행규칙 제10조(연구활동종사자 등에 대한 교육·훈련) 별표 3

21 다음은 연구활동종사자에 대하여 실시해야 하는 정기 교육·훈련에 대한 설명이다. (   ) 안에 들어갈 말을 쓰시오.

교육대상	교육시기	교육시간
저위험연구실 연구실의 연구활동종사자	(①)	(②) 이상
정밀안전진단을 실시하는 연구실의 연구활동종사자	(③)	(④) 이상
위 2개 항목이 아닌 연구실의 연구활동종사자	(⑤)	(⑥) 이상

①   ②   ③

④   ⑤   ⑥

정답 ① 연간 ② 3시간 ③ 반기별 ④ 6시간 ⑤ 반기별 ⑥ 3시간

참고 연구실안전법 시행규칙 제10조(연구활동종사자 등에 대한 교육·훈련) 별표 3

22 다음은 연구활동종사자에 대하여 실시해야 하는 특별안전 교육·훈련에 대한 설명이다. (   ) 안에 들어갈 말을 쓰시오.

교육대상	교육시간	교육내용
연구실사고가 발생했거나 발생할 우려가 있다고 연구주체의 장이 인정하는 연구실의 연구활동종사자	(①) 이상	• 연구실 (②)에 관한 사항 • (③)에 관한 사항 • 안전한 연구활동에 관한 사항 • 그 밖에 연구실 안전관리에 관한 사항

①   ②   ③

정답 ① 2시간   ② 유해인자   ③ 물질안전보건자료

참고 연구실안전법 시행규칙 제10조(연구활동종사자 등에 대한 교육·훈련) 별표 3

23 다음은 연구실안전환경관리자가 이수해야 할 전문교육에 대한 설명이다. (   ) 안에 들어갈 말을 쓰시오.

구분	교육시기·주기	교육시간
신규교육	연구실환경관리자가 지정된 날부터 (①) 이내에 받아야 하는 교육	(②) 이상
보수교육	연구실안전환경관리자가 신규교육을 이수한 후 매 (③)이 되는 날을 기준으로 전후 (④) 이내에 받아야 하는 교육	(⑤) 이상

①   ②   ③

④   ⑤

정답 ① 6개월   ② 18시간   ③ 2년   ④ 6개월   ⑤ 12시간

참고 연구실안전법 시행규칙 제10조(연구활동조사자 등에 대한 교육·훈련) 별표 4

24 다음은 중대연구실사고 등의 보고 및 공표에 대한 설명이다. (　　) 안에 들어갈 말을 쓰시오.

> 연구주체의 장은 연구활동종사자가 의료기관에서 (　①　) 이상의 치료가 필요한 생명 및 신체상의 손해를 입은 연구실사고가 발생한 경우에는 사고가 발생한 날부터 (　②　) 이내에 (　③　)을/를 작성하여 과학기술정보통신부장관에게 보고해야 한다.

① _____ ② _____ ③ _____

정답 ① 3일   ② 1개월   ③ 연구실사고 조사표

참고 연구실안전법 시행규칙 제14조(중대연구실사고 등의 보고 및 공표)

25 다음은 보험급여의 종류 및 보상금액에 대한 설명이다. (　　) 안에 들어갈 말을 쓰시오.

종류	보상금액
요양급여	최고한도(　①　)의 범위에서 실제로 부담해야 하는 의료비
장해급여	후유장애 등급별로 과학기술정보통신부장관이 정하여 고시하는 금액 이상
입원급여	입원 1일당 (　②　) 이상
유족급여	(　③　) 이상
장의비	(　④　) 이상

① _____ ② _____ ③ _____ ④ _____

정답 ① 20억원 이상   ② 5만원   ③ 2억원   ④ 1천만원

참고 연구실안전법 시행규칙 제15조(보험급여의 종류 및 보상금액)

SECTION 02 서술형 적중예상문제

01 연구실 안전환경 및 안전관리 현황 등에 대한 실태조사에 포함되어야 할 사항을 3가지 이상 서술하시오.

정답
① 연구실 및 연구활동종사자 현황
② 연구실 안전관리 현황
③ 연구실사고 발생 현황
④ 그 밖에 연구실 안전환경 및 안전관리의 현황 파악을 위하여 과학기술정보통신부장관이 필요하다고 인정하는 사항

참고 연구실안전법 시행령 제3조(연구실 안전환경 등에 대한 실태조사)

02 연구주체의 장의 책무 3가지를 서술하시오.

정답
① 연구실의 안전에 관한 유지·관리 및 연구실사고 예방을 철저히 함으로써 연구실의 안전환경을 확보할 책임을 지며, 연구실사고 예방시책에 적극 협조
② 연구활동종사자가 연구활동 수행 중 발생한 상해·사망으로 인한 피해를 구제하기 위하여 노력
③ 과학기술정보통신부장관이 정하여 고시하는 연구실 설치·운영 기준에 따라 연구실을 설치·운영

참고 연구실안전법 제5조(연구주체의 장 등의 책무)

03 연구실 안전환경 조성 기본계획에 포함되어야 할 사항을 3가지 이상 서술하시오.

> **정답** ① 연구실 안전환경 조성을 위한 발전목표 및 정책의 기본방향
> ② 연구실 안전관리 기술 고도화 및 연구실사고 예방을 위한 연구개발
> ③ 연구실 유형별 안전관리 표준화 모델 개발
> ④ 연구실 안전교육 교재의 개발·보급 및 안전교육 실시
> ⑤ 연구실 안전관리의 정보화 추진
> ⑥ 안전관리 우수연구실 인증제 운영
> ⑦ 연구실의 안전환경 조성 및 개선을 위한 사업 추진
> ⑧ 연구안전 지원체계 구축·개선
> ⑨ 연구활동종사자의 안전 및 건강 증진
> ⑩ 그 밖에 연구실사고 예방 및 안전환경 조성에 관한 중요사항

> **참고** 연구실안전법 제6조(연구실 안전환경 조성 기본계획)

04 연구실안전정보시스템의 구축·운영 시 포함해야 하는 정보를 3가지 이상 서술하시오.

> **정답** ① 대학·연구기관등의 현황
> ② 분야별 연구실사고 발생 현황, 연구실사고 원인 및 피해 현황 등 연구실사고에 관한 통계
> ③ 기본계획 및 연구실 안전 정책에 관한 사항
> ④ 연구실 내 유해인자에 관한 정보
> ⑤ 안전점검지침 및 정밀안전진단지침
> ⑥ 안전점검 및 정밀안전진단 대행기관의 등록 현황
> ⑦ 안전관리 우수연구실 인증 현황
> ⑧ 권역별연구안전지원센터의 지정 현황
> ⑨ 연구실안전환경관리자 지정 내용 등 법 및 이 영에 따른 제출·보고 사항
> ⑩ 그 밖에 연구실 안전환경 조성에 필요한 사항

> **참고** 연구실안전법 시행령 제6조(연구실안전정보시스템의 구축·운영 등)

05 연구실책임자의 지정 요건 3가지를 서술하시오.

정답
① 대학·연구기관등에서 연구책임자 또는 조교수 이상의 직에 재직하는 사람일 것
② 해당 연구실의 연구활동과 연구활동종사자를 직접 지도·관리·감독하는 사람일 것
③ 해당 연구실의 사용 및 안전에 관한 권한과 책임을 가진 사람일 것

참고 연구실안전법 시행령 제7조(연구실책임자의 지정)
연구실책임자의 업무(연구실안전법 제9조)
㉠ 연구실안전관리담당자 지정(연구실안전관리담당자는 해당 연구실의 연구활동종사자로 함)
㉡ 연구활동종사자를 대상으로 해당 연구실의 유해인자에 관한 교육 실시
㉢ 연구활동에 적합한 보호구를 비치하고, 연구활동종사자로 하여금 이를 착용하게 함.

06 연구실안전환경관리자의 지정 기준 3가지를 서술하시오.

정답
① 연구활동종사자가 1천명 미만인 경우 : 1명 이상
② 연구활동종사자가 1천명 이상 3천명 미만인 경우 : 2명 이상
③ 연구활동종사자가 3천명 이상인 경우 : 3명 이상

참고 연구실안전법 제10조(연구실안전환경관리자의 지정)
연구실안전환경관리자의 자격기준
㉠ 연구실안전관리사 자격을 취득한 사람
㉡ 안전관리기술에 관하여 「국가기술자격법」에 따른 국가기술자격을 취득한 사람
㉢ 대통령령으로 정하는 안전관리기술 관련 학력이나 경력을 갖춘 사람

07 연구실안전법 시행령에서 분교 또는 분원의 경우, 별도로 연구실안전환경관리자를 지정하지 아니할 수 있는 요건 3가지를 서술하시오.

....

....

....

> **정답** ① 분교 또는 분원의 연구활동종사자 총인원이 10명 미만인 경우
> ② 본교와 분교 또는 본원과 분원이 같은 시·군·구 지역에 소재하는 경우
> ③ 본교와 분교 또는 본원과 분원 간의 직선거리가 15km 이내인 경우

> **참고** 연구실안전법 시행령 제8조(연구실안전환경관리자 지정 및 업무 등)

08 연구실안전법 시행령에서 연구실안전환경관리자의 직무 대리자의 자격요건을 3가지 이상 서술하시오.

....

....

....

> **정답** (1) 안전관리 분야의 국가기술자격을 취득한 사람
> (2) 연구실 안전관리 업무 실무경력이 1년 이상인 사람
> (3) 연구실 안전관리 업무에서 연구실안전환경관리자를 지휘·감독하는 지위에 있는 사람
> (4) 아래의 어느 하나에 해당하는 안전관리자로 선임되어 있는 사람
> ① 「고압가스 안전관리법」에 따른 안전관리자
> ② 「산업안전보건법」에 따른 안전관리자
> ③ 「도시가스사업법」에 따른 안전관리자
> ④ 「전기안전관리법」에 따른 안전관리자
> ⑤ 「화재예방, 소방시설 설치·유지 및 안전관리에 관한 법률」에 따른 소방안전관리자
> ⑥ 「위험물안전관리법」에 따른 위험물안전관리자

> **참고** 연구실안전법 시행령 제8조(연구실안전환경관리자 지정 및 업무 등)

09 연구실안전관리위원회 위원으로 연구실안전환경관리자와 연구주체의 장이 지명하는 사람을 3가지 이상 서술하시오.

정답 ① 연구실책임자
② 연구활동종사자
③ 연구실 안전 관련 예산 편성 부서의 장
④ 연구실안전환경관리자가 소속된 부서의 장

참고 연구실안전법 시행규칙 제5조(연구실안전관리위원회의 구성 및 운영)

10 과학기술정보통신부장관이 작성하여 관보에 고시하여야 할 연구실 정밀안전진단지침에 포함하여야 하는 사항 3가지를 서술하시오.

정답 ① 유해인자별 노출도 평가에 관한 사항
② 유해인자별 취급 및 관리에 관한 사항
③ 유해인자별 사전 영향 평가·분석에 관한 사항

참고 연구실안전법 제13조(안전점검 및 정밀안전진단 지침)

11 「연구실 안전환경 조성에 관한 법률」에 따른 "연구실에 유해인자가 누출되는 등 대통령령으로 정하는 중대한 결함이 있는 경우"에 해당하는 사유를 3가지 이상 서술하시오.

> **정답** ① 「화학물질관리법」에 따른 유해화학물질, 「산업안전보건법」에 따른 유해인자, 과학기술정보통신부령으로 정하는 독성가스 등 유해·위험물질의 누출 또는 관리 부실
> ② 「전기사업법」에 따른 전기설비의 안전관리 부실
> ③ 연구활동에 사용되는 유해·위험설비의 부식·균열 또는 파손
> ④ 연구실 시설물의 구조안전에 영향을 미치는 지반침하·균열·누수 또는 부식
> ⑤ 인체에 심각한 위험을 끼칠 수 있는 병원체의 누출

> **참고** 연구실안전법 시행령 제13조(연구실의 중대한 결함)

12 연구실책임자가 실시해야 할 사전유해인자위험분석의 4가지 내용을 순서대로 서술하시오.

> **정답** ① 해당 연구실의 안전 현황 분석
> ② 해당 연구실의 유해인자별 위험분석
> ③ 연구실안전계획 수립
> ④ 비상조치계획 수립

> **참고** 연구실안전법 시행령 제15조(사전유해인자위험분석)

13 연구주체의 장이 연구활동종사자에게 실시하도록 하여야 하는 교육·훈련의 종류 3가지와 내용을 서술하시오.

정답 ① **신규 교육·훈련** : 연구활동에 신규로 참여하는 연구활동종사자에게 실시하는 교육·훈련
② **정기 교육·훈련** : 연구활동에 참여하고 있는 연구활동종사자에게 과학기술정보통신부령으로 정하는 주기에 따라 실시하는 교육·훈련
③ **특별안전 교육·훈련** : 연구실사고가 발생했거나 발생할 우려가 있다고 연구주체의 장이 인정하는 경우 연구실의 연구활동종사자에게 실시하는 교육·훈련

참고 연구실안전법 시행령 제16조(연구활동종사자 등에 대한 교육·훈련)

14 유해인자를 취급하는 연구활동종사자에 대하여 실시할 일반건강검진의 검사 항목을 서술하시오.

정답 ① 문진과 진찰
② 혈압, 혈액 및 소변 검사
③ 신장, 체중, 시력 및 청력 측정
④ 흉부방사선 촬영

참고 연구실안전법 시행규칙 제11조(건강검진의 실시 등)

15 임시건강검진의 실시를 명할 수 있는 대상에 대해 서술하시오.

> **정답** **(1) 연구실 내에서 유소견자가 발생한 경우**
> ① 유소견자와 같은 연구실에 종사하는 연구활동종사자
> ② 유소견자와 같은 유해인자에 노출된 해당 대학·연구기관등에 소속된 연구활동종사자로서, 유소견자와 유사한 질병·장해 증상을 보이거나, 유소견자와 유사한 질병·장해가 의심되는 연구활동종사자
> **(2) 연구실 내 유해인자가 외부로 누출되어 유소견자가 발생했거나 다수 발생할 우려가 있는 경우**
> 누출된 유해인자에 접촉했거나 접촉했을 우려가 있는 연구활동종사자
>
> **참고** 연구실안전법 시행규칙 제12조(임시건강검진의 실시 등)

16 연구주체의 장이 매년 계상해야 할 연구실의 안전 및 유지·관리비의 사용 용도를 3가지 이상 서술하시오.

> **정답** ① 안전관리에 관한 정보제공 및 연구활동종사자에 대한 교육·훈련
> ② 연구실안전환경관리자에 대한 전문교육
> ③ 건강검진
> ④ 보험료
> ⑤ 연구실의 안전을 유지·관리하기 위한 설비의 설치·유지 및 보수
> ⑥ 연구활동종사자의 보호장비 구입
> ⑦ 안전점검 및 정밀안전진단
> ⑧ 그 밖에 연구실의 안전환경 조성을 위하여 필요한 사항으로서 과학기술정보통신부장관이 고시하는 용도
>
> **참고** 연구실안전법 시행령 제17조(연구실의 안전 및 유지·관리비의 계상)

17 중대연구실사고가 발생한 경우 연구주체의 장이 과학기술정보통신부장관에게 보고할 3가지 사항을 서술하시오.

정답 ① 사고 발생 개요 및 피해 상황
② 사고 조치 내용, 사고 확산 가능성 및 향후 조치·대응계획
③ 그 밖에 사고 내용·원인 파악 및 대응을 위해 필요한 사항

참고 연구실안전법 시행규칙 제14조(중대연구실사고 등의 보고 및 공표)

18 안전관리 우수연구실 인증제의 인증 기준 3가지를 서술하시오.

정답 ① 연구실 운영규정, 연구실 안전환경 목표 및 추진계획 등 연구실 안전환경 관리체계가 우수하게 구축되어 있을 것
② 연구실 안전점검 및 교육 계획·실시 등 연구실 안전환경 구축·관리 활동 실적이 우수할 것
③ 연구주체의 장, 연구실책임자 및 연구활동종사자 등 연구실 안전환경 관계자의 안전의식이 형성되어 있을 것

참고 연구실안전법 시행령 제20조(안전관리 우수연구실 인증제의 운영)

19 연구실사고 조사 결과에 따라, 연구주체의 장이 연구활동종사자 또는 공중의 안전을 위하여 긴급한 조치가 필요하다고 판단되는 경우에 취하여야 할 조치를 3가지 이상 쓰시오.

정답 ① 정밀안전진단 실시
② 유해인자의 제거
③ 연구실 일부의 사용제한
④ 연구실의 사용금지
⑤ 연구실의 철거
⑥ 그 밖에 연구주체의 장 또는 연구활동종사자가 필요하다고 인정하는 안전조치

참고 연구실안전법 제25조(연구실 사용제한 등)

20 연구실안전관리사의 직무 수행내용을 서술하시오.

정답 (1) 연구시설·장비·재료 등에 대한 안전점검·정밀안전진단 및 관리
(2) 연구실 내 유해인자에 관한 취급 관리 및 기술적 지도·조언
(3) 연구실 안전관리 및 연구실 환경 개선 지도
(4) 연구실사고 대응 및 사후 관리 지도
(5) 그 밖에 연구실 안전에 관한 사항으로서 대통령령으로 정하는 사항(아래)
　　① 사전유해인자위험분석 실시 지도
　　② 연구활동종사자에 대한 교육·훈련
　　③ 안전관리 우수연구실 인증 취득을 위한 지도
　　④ 그 밖에 연구실 안전에 관하여 연구활동종사자 등의 자문에 대한 응답 및 조언

참고 연구실안전법 제35조(연구실안전관리사의 직무), 시행령 제30조(연구실안전관리사의 직무)

PART 02

연구실 화학·가스
안전관리

01 다음은 「고압가스 안전관리법 시행규칙」과 「위험물의 분류 및 표지에 관한 기준」에 따른 가스의 분류이다. ( ) 안에 들어갈 말을 쓰시오.

구분	설명
(①)	• 공기 중에서 연소하는 가스로서 폭발한계의 하한이 10% 이하인 가스 • 폭발한계의 상한과 하한의 차가 20% 이상인 가스
(②)	• 20℃, 표준압력 101.3kPa에서 공기와 혼합하여 인화 범위에 있는 가스 • 54℃ 이하 공기 중에서 자연발화하는 가스 • 20℃, 표준압력 101.3kPa에서 화학적으로 불안정한 가스
(③)	일반적으로 산소를 공급함으로써 공기와 비교하여 다른 물질의 연소를 더 잘 일으키거나 연소를 돕는 가스
(④)	200kPa 이상의 게이지 압력 상태로 용기에 충전되어 있는 가스 또는 액화되거나 냉동 액화된 가스로, 압축가스, 액화가스, 용해가스 및 냉동액화가스로 구분

①   ②   ③   ④

정답 ① 가연성가스 ② 인화성가스 ③ 산화성가스 ④ 고압가스

참고 고압가스 안전관리법 시행규칙 제2조(정의), 위험물의 분류 및 표지에 관한 기준 제3조(유해위험성의 분류)

02 「고압가스 안전관리법 시행규칙」에 따른 독성가스 기준인 LC_{50}을 기준으로 한 독성가스의 농도기준을 쓰시오.

정답 LC_{50} 5000ppm 이하

참고 **LC_{50}(반수치사농도) 5000ppm 이하**
해당 가스를 성숙한 흰쥐 집단에게 대기 중에서 1시간 동안 계속하여 노출시킨 경우 14일 이내에 그 흰쥐의 2분의 1 이상이 죽게 되는 가스의 농도로 100만분의 5000 이하

03 「고압가스 안전관리법 시행령」에서 정한 고압가스의 기준에 따라 (　　) 안에 들어갈 숫자를 쓰시오.

〈보기〉
- 아세틸렌 가스 : (　①　)℃에서 게이지 압력이 (　②　)Pa을 초과
- 액화시안화수소, 액화브롬화메탄, 액화산화에틸렌 : (　③　)℃에서 게이지 압력이 (　④　)Pa을 초과
- 압축가스 : 상용의 온도 또는 (　⑤　)℃에서 게이지 압력이 (　⑥　)MPa 이상
- 액화가스 : 상용의 온도 또는 (　⑦　)℃에서 게이지 압력이 (　⑧　)MPa 이상

① _____ ② _____ ③ _____ ④ _____

⑤ _____ ⑥ _____ ⑦ _____ ⑧ _____

정답 ① 15 ② 0 ③ 35 ④ 0 ⑤ 35 ⑥ 1 ⑦ 35 ⑧ 0.2

참고 고압가스 안전관리법 시행령 제2조(고압가스의 종류 및 범위)

04 다음 설명하는 4가지 기체에 대해서 〈보기〉에서 찾아 쓰시오.

① 액화가스의 형태로 저장하며, 가연성, 독성 및 부식성의 성질을 모두 가지고 있다.
② 반응성이 없는 비활성기체로 옥텟 규칙을 만족한다.
③ 가연성가스로 연소 시 물이 생성된다.
④ 산화성과 독성을 가지고 있는 가스이다.

〈보기〉

ㄱ. 아르곤(Ar)　　　　ㄴ. 암모니아(NH_3)　　　　ㄷ. 염소(Cl_2)　　　　ㄹ. 수소(H_2)

① _____ ② _____ ③ _____ ④ _____

정답 ① ㄴ ② ㄱ ③ ㄹ ④ ㄷ

05 다음 설명하는 용어가 무엇인지 쓰시오.

> • 화학물질을 안전하게 사용하고 관리하기 위하여 필요한 정보를 기재한 시트(Sheet)로, 화학물질 등 안전 데이터 시트라고도 한다.
> • 연구실에서 자주 사용하게 되는 유해물질에 대해서는 이 자료를 작성 및 비치하여 필요할 때마다 쉽게 볼 수 있어야 한다.

정답 물질안전보건자료

참고 GHS-MSDS

세계조화시스템(GHS ; Globally Harmonized System of classification and labelling of chemicals)에 따른 물질안전보건자료(MSDS ; Material Safety Data Sheets)

06 다음은 세계조화시스템(GHS)에 따른 경고표지에 대한 설명이다. (   ) 안의 각 표지가 나타내는 위험성을 한 가지씩 쓰시오.

경고표지	유해성 분류기준
	• (①) • 인화점 이하로 온도와 기온을 유지하도록 주의
	• (②) • 반응성이 높아 가열, 충격, 마찰 등에 의해 분해하여 산소를 방출하고, 가연물과 혼합하여 연소 및 폭발할 수 있음. • 가열, 마찰, 충격을 주지 않도록 주의
	• (③) • 가열, 마찰, 충격 또는 다른 화학물질과의 접촉 등으로 인해 폭발이나 격렬한 반응을 일으킬 수 있음. • 가열, 마찰, 충격을 주지 않도록 주의
	• (④) • 피부와 호흡기, 소화기로 노출될 수 있음. • 취급 시 보호장갑, 호흡기 보호구 등을 착용

PART 02

경고표지	유해성 분류기준
	• (⑤) • 피부에 닿으면 피부 부식과 눈 손상을 유발할 수 있음. • 취급 시 보호장갑, 안면보호구 등을 착용
	• (⑥) • 호흡기로 흡입할 때 건강장해 위험 있음. • 취급 시 호흡기 보호구 착용
	• (⑦) • 가스 폭발, 인화, 중독, 질식, 동상 등의 위험 있음.
	• (⑧) • 인체 유해성은 적으나, 물고기와 식물 등에 유해성 있음.
	• 경고

① _____ ② _____ ③ _____

④ _____ ⑤ _____ ⑥ _____

⑦ _____ ⑧ _____

정답 ① 인화성, 자연발화성
② 산화성
③ 폭발성
④ 급성독성
⑤ 금속부식성, 피부부식성
⑥ 호흡기 과민성, 발암성, 생식세포 변이원성, 생식독성
⑦ 고압가스
⑧ 수생환경 유해성

07 응급 대응 시 물질의 위험성을 규정하기 위해 미국화재예방협회(NFPA ; National Fire Protection Association)에서 발표한 NFPA 704 표식에서 ( ) 안에 해당하는 각 색상과 위험성을 쓰시오.

① _____   ② _____

③ _____   ④ _____

> **정답** ① 청색, 건강 위험성(인체 유해성)
> ② 적색, 화재 위험성(인화성)
> ③ 황색, 반응 위험성(반응성)
> ④ 백색. 기타 위험성(물 반응성, 방사선 등)

> **참고** 표식에는 총 5개의 등급(0~4등급)의 숫자를 표시하며, 숫자가 클수록 위험성이 높다. 기타 위험성에는 W(물 반응성), OX 혹은 OXY(산화제) 등의 특정 기호가 표시될 수 있다.

08 다음은 우리나라 화학물질 노출기준에 대한 설명이다 ( ) 안에 들어갈 말을 쓰시오.

노출기준의 종류	특징
(①)	1일 8시간 작업을 기준으로 하여 주 40시간 동안의 평균 노출농도
(②)	1회 15분간의 시간가중평균 노출값, 노출농도가 TWA를 초과하는 STEL 이하면 1회 노출 지속시간이 15분 미만이어야 함을 의미
(③)	1일 작업시간 동안 잠시라도 노출되어서는 아니 되는 기준으로, 노출기준 앞에 "C"를 붙여 표기

① _____   ② _____   ③ _____

> **정답** ① 시간가중평균노출기준(TWA ; Time Weighted Average)
> ② 단시간노출기준(STEL ; Short Term Exposure Limit)
> ③ 최고노출기준(C ; Ceiling)

> **참고** **노출기준**
> 근로자가 유해인자에 노출되는 경우 노출기준 이하 수준에서는 거의 모든 근로자에게 건강상 나쁜 영향을 미치지 아니하는 기준으로, 미국산업위생전문가협회(ACGIH)는 허용기준(TLV)으로 정의한다.

09 다음 가스의 허용농도(TLV–TWA)를 쓰시오.

| ① 황화수소 | ② 암모니아 | ③ 일산화탄소 | ④ 포스겐 |

① _____ ② _____ ③ _____ ④ _____

정답 ① 10ppm ② 25ppm ③ 50ppm ④ 0.1ppm

참고 주요 위험물질의 허용농도(TLV–TWA)

㉠ 포스겐 : 0.1ppm
㉡ 불소 : 0.1ppm
㉢ 염소 : 0.5ppm
㉣ 니트로벤젠 : 1ppm
㉤ 벤젠 : 10ppm

㉥ 황화수소 : 10ppm
㉦ 암모니아 : 25ppm
㉧ 일산화탄소 : 50ppm
㉨ 메탄올 : 200ppm
㉩ 에탄올 : 1,000ppm

10 다음 공업용 가스의 용기 색상을 쓰시오.

공업용	공업용 색상
암모니아(NH_3)	(①)
수소(H_2)	(②)
아세틸렌(C_2H_2)	(③)
염소(Cl_2)	(④)
산소(O_2)	(⑤)
이산화탄소(CO_2)	(⑥)
기타 가스	(⑦)

① _____ ② _____ ③ _____ ④ _____

⑤ _____ ⑥ _____ ⑦ _____

정답 ① 백색 ② 주황색 ③ 황색 ④ 갈색 ⑤ 녹색 ⑥ 청색 ⑦ 회색

참고 고압가스안전관리법 시행규칙 별표 24(용기등의 표시)

PART 02

11 다음의 〈보기〉의 가스를 폭발범위가 넓은 것부터 좁은 순서에 맞게 나열하시오.

〈보기〉
ㄱ. 수소(H_2)   ㄴ. 프로판(C_3H_8)   ㄷ. 메탄(CH_4)   ㄹ. 일산화탄소(CO)

정답 ㄱ - ㄹ - ㄷ - ㄴ

참고 ㉠ **수소** : 75 − 4 = 71
㉡ **프로판** : 9.5 − 2.1 = 7.4
㉢ **메탄** : 15 − 5 = 10
㉣ **일산화탄소** : 74 − 12.5 = 61.5
• **주요가스의 폭발범위**

가연성가스	폭발하한계(%)	폭발상한계(%)
아세틸렌	2.5	81
산화에틸렌	3	80
수소	4	75
이황화탄소	1.2	44
프로판	2.1	9.5
메탄	5	15
부탄	1.8	8.4
일산화탄소	12.5	74

12 메탄(CH_4)과 프로판(C_3H_8)의 위험도를 구하시오.

①

②

정답 ① 메탄 : 2   ② 프로판 : 3.52

해설 ① 메탄 위험도(H) = $\dfrac{\text{폭발상한계}(U) - \text{폭발하한계}(L)}{\text{폭발하한계}(L)}$ = $\dfrac{15 - 5}{5}$ = 2

② 프로판 위험도(H) = $\dfrac{\text{폭발상한계}(U) - \text{폭발하한계}(L)}{\text{폭발하한계}(L)}$ = $\dfrac{9.5 - 2.1}{2.1}$ = 3.52

13 다음 혼합가스의 폭발범위를 구하시오.

> 메탄 70vol.%, 프로판 20vol.%, 부탄 10vol.%인 혼합가스
> (단, 각 성분의 폭발범위는 메탄 5~15vol.%, 프로판 2.1~9.5vol.%, 부탄 1.8~8.4vol.%임)

정답 3.44 ~ 12.56

해설 **폭발범위** : 폭발하한계 ~ 폭발상한계

$$ⓐ \text{ 폭발하한계} = \frac{100}{\dfrac{V_1}{L_1} + \dfrac{V_2}{L_2} + \cdots + \dfrac{V_n}{L_n}} = \frac{100}{\dfrac{70}{5} + \dfrac{20}{2.1} + \dfrac{10}{1.8}} = \frac{100}{29.08} = 3.43$$

$$ⓑ \text{ 폭발상한계} = \frac{100}{\dfrac{V_1}{U_1} + \dfrac{V_2}{U_2} + \cdots + \dfrac{V_n}{U_n}} = \frac{100}{\dfrac{70}{15} + \dfrac{20}{9.5} + \dfrac{10}{8.4}} = \frac{100}{7.96} = 12.56$$

14 인화성 액체 또는 액화가스 저장탱크 주변에서 화재가 발생할 경우, 탱크 내부의 기상부가 국부적으로 가열되면 그 부분의 강도가 약해져 결국 탱크가 파열된다. 이때 탱크 내부의 액화된 가스 또는 인화성 액체가 급격히 외부로 유출되며 팽창이 이뤄지고, 화구(Fire Ball)를 형성하는 폭발의 명칭을 쓰시오.

정답 비등액체팽창증기폭발(BLEVE ; Boiling Liquid Expanding Vapor Explosion)

참고 저장탱크 내의 가연성 액체가 끓으면서 기화한 증기가 팽창한 압력에 의해 폭발하는 현상이다.

15 다량의 가연성 가스나 인화성 액체가 외부로 누출될 경우 해당 가스 또는 인화성 액체의 증기가 대기 중의 공기와 혼합하여 폭발성을 가진 증기운(Vapor Cloud)을 형성하고, 점화원에 의해 점화할 경우 화구(Fire Ball)를 형성하는 폭발의 명칭을 쓰시오.

정답 증기운폭발(UVCE ; Unconfined Vapor Cloud Explosion)

참고 **증기운폭발의 특징**
- 증기운은 증기운 상태로의 크기가 커질수록 표면적이 넓어지기 때문에 착화 확률이 높아지게 된다.
- 증기운폭발이 발생하게 되면 주로 폭발로 인한 피해보다는 화재에 의한 재해 형태를 보인다.
- 가연성 증기가 난류 형태로 발생한 경우 공기와의 혼합이 더욱 잘 되어 폭발의 충격이 더욱 커지게 된다.
- 증기운폭발의 충격파는 최대 약 1atm 정도이며, 폭발 효율이 낮다.

16 다음은 가연성가스의 폭발등급 및 이에 대응하는 내압방폭구조의 폭발등급이다. ( ) 안에 들어갈 숫자를 쓰시오.

최대안전틈새 범위(mm)	(①) 이상	(②) 초과 (①) 미만	(②) 이하
가연성가스의 폭발등급	A	B	C
방폭전기기기의 폭발등급	ⅡA	ⅡB	ⅡC

① _____   ② _____

정답 ① 0.9   ② 0.5

참고 최대안전틈새는 내용적이 8리터이고 틈새깊이가 35mm인 표준용기 안에서 가스가 폭발할 때 발생한 화염이 용기 밖으로 전파하여 가연성가스에 점화되지 않는 최대값

17 다음은 가연성가스의 폭발등급 및 이에 대응하는 본질안전방폭구조의 폭발등급이다. (　　) 안에 들어갈 숫자를 쓰시오.

최소점화전류비 범위(mm)	(　①　) 초과	(　②　) 이상 (　①　) 미만	(　②　) 이하
가연성가스의 폭발등급	A	B	C
방폭전기기기의 폭발등급	ⅡA	ⅡB	ⅡC

①　　　　　　　　　　　　　　　　　　　　②

정답 ① 0.8 ② 0.45

참고 최소점화전류비는 메탄가스의 최소점화전류를 기준으로 나타낸다.

18 다음은 방폭구조에 대한 종류와 설명이다. (　　) 안에 들어갈 방폭구조를 쓰시오.

방폭구조	설명
(　①　)	방폭전기기기의 용기 내부에서 가연성가스의 폭발이 발생할 경우 그 용기가 폭발압력에 견디고, 접합면, 개구부 등을 통해 외부의 가연성가스에 인화되지 않도록 한 구조
(　②　)	용기 내부에 절연유를 주입하여 불꽃·아크 또는 고온발생부분이 기름 속에 잠기게 함으로써 기름면 위에 존재하는 가연성가스에 인화되지 않도록 한 구조
(　③　)	용기 내부에 보호가스(신선한 공기 또는 불활성가스)를 압입하여 내부압력을 유지함으로써 가연성가스가 용기내부로 유입되지 않도록 한 구조
(　④　)	정상운전 중에 가연성가스의 점화원이 될 전기불꽃·아크 또는 고온부분 등의 발생을 방지하기 위해 기계적·전기적 구조상 또는 온도상승에 대해 특히 안전도를 증가시킨 구조
(　⑤　)	정상 시 및 사고(단선, 단락, 지락 등) 시에 발생하는 전기불꽃·아크 또는 고온부로 인하여 가연성가스가 점화되지 않는 것이 점화시험, 그 밖의 방법에 의해 확인된 구조
(　⑥　)	가연성가스에 점화를 방지할 수 있다는 것이 시험, 그 밖의 방법으로 확인된 구조
(　⑦　)	점화원이 될 수 있는 전기불꽃, 아크 또는 고온부분을 용기 내부의 적정한 위치에 고정시키고 그 주위를 충전물질로 충전하여 폭발성 가스 및 증기의 유입 또는 점화를 어렵게 하고 화염의 전파를 방지하여 외부의 폭발성 가스 또는 증기에 인화되지 않도록 한 구조

①　　　　　　　②　　　　　　　③　　　　　　　④

⑤　　　　　　　⑥　　　　　　　⑦

정답 ① 내압(耐壓)방폭구조　② 유입(油入)방폭구조　③ 압력(壓力)방폭구조　④ 안전증방폭구조
⑤ 본질안전방폭구조　⑥ 특수방폭구조　⑦ 충전방폭구조

19 다음은 연구실 내 가스 사용 시 주의사항이다. (   ) 안에 들어갈 말을 쓰시오.

- 가스용기의 전도위험성으로 인해 보관 시에는 반드시 (①   )을/를 씌워 밸브목을 보호할 수 있도록 한다.
- 고압가스 용기는 반드시 (②   ) 이하에서 보관해야 하고, 환기가 잘 되는 곳에서 사용해야 한다.
- 가스 사용 전 누출 검사와 (③   )의 정상적 작동 여부를 확인한다.
- 인화성 가스의 고압가스는 (④   )을/를 반드시 설치하여 불꽃이 연료 또는 조연제인 산소로 유입되는 것을 차단하여 폭발 사고를 방지해야 한다.

① _____ ② _____ ③ _____ ④ _____

정답 ① 캡   ② 40℃   ③ 압력조절기   ④ 역화방지장치

20 다음은 가스누출검지경보장치 설치기준이다. (   ) 안에 들어갈 말을 쓰시오.

- 경보농도는 가연성가스의 경우 폭발하한계의 (①   ) 이하, 독성가스의 경우 TLV–TWA 기준농도 이하로 한다.
- 암모니아를 제외한 가연성가스의 가스누출감지경보장치는 (②   )을/를 갖는 것이어야 한다.
- 경보는 램프의 점등 또는 점멸과 동시에 경보를 울리는 것이어야 한다.
- 설치장소 : 공기보다 무거운 가스의 경우 바닥면에서 (③   ) 이내 설치, 공기보다 가벼운 가스의 경우 천장면에서 (③   ) 이내 설치한다.
- 설치개수 : 건물 안에 설치된 사용설비에는 누출한 가스가 체류하기 쉬운 장소에 이들 설비군의 둘레 (④   )마다 1개 이상의 비율로 계산한 수를 설치한다.
- 독성가스누출감지경보기는 대상 독성가스의 노출 기준 이하에서 경보가 울리도록 설정하여야 한다.
- 수소가스감지기를 연구실 내부에 설치하는 경우, 가스가 누출 발생 가능 부분 수직 상부에 설치하여야 한다.

① _____ ② _____ ③ _____ ④ _____

정답 ① 1/4   ② 방폭성능   ③ 30cm   ④ 10m

21 다음은 연구실 가스사고 예방장치에 대한 설명이다. ( ) 안에 들어갈 말을 쓰시오.

> • 사용시설의 저장설비에 부착된 배관에는 가스 누설 시 안전한 위치에서 조작이 가능한 (①) 을/를 설치한다.
> • 독성가스의 감압설비와 그 가스의 반응 설비 간의 배관에는 긴급 시 가스가 역류되는 것을 효과 적으로 차단할 수 있는 (②)을/를 설치한다.
> • 수소화염 또는 산소·아세틸렌 화염을 사용하는 시설의 분기되는 배관에는 가스가 역화되는 것을 효과적으로 차단할 수 있는 (③)을/를 설치한다.

① _____ ② _____ ③ _____

정답 ① 긴급차단장치 ② 역류방지장치 ③ 역화방지장치

22 고압가스설비에는 그 고압가스설비 내의 압력이 상용의 압력을 초과하는 경우, 즉시 상용의 압력 이하 로 되돌릴 수 있도록 하는 과압안전장치를 설치해야 한다. 각 번호에 해당하는 장치를 쓰시오.

> ① 기체 및 증기의 압력 상승을 방지하기 위해 설치하는 장치로, 팝업 방식으로 증기를 배출하면서 과압을 해소한다.
> ② 급격한 압력 상승, 독성 가스의 누출, 유체의 부식성 또는 반응생성물의 성상 등에 따라 안전밸 브를 설치하는 것이 부적당한 경우에 설치하는 장치로 1회용이다.
> ③ 펌프 및 배관에서 주로 액체의 압력 상승을 방지하기 위해 설치하는 장치이다.

① _____ ② _____ ③ _____

정답 ① 안전밸브 ② 파열판 ③ 릴리프밸브

참고 ㉠ **안전밸브(Safety Valve)** : 스팀, 공기, 가스에 이용되며, 압력증가에 따라 순간적으로 개방되어 과압을 해소하는 장 치장치
㉡ **릴리프밸브(Relief Valve)** : 액체에 이용되며, 압력증가에 따라 서서히 개방되어 과압을 해소하는 장치
㉢ **안전-릴리프밸브(Safety-relief Valve)** : 안전밸브와 릴리프밸브 성능을 모두 갖춘 장치로, 스팀, 공기, 액체 등에 모 두 사용 가능
㉣ **파열판(Rupture Disk)** : 압력용기, 배관, 덕트 등의 밀폐장치가 급격한 압력의 과다 또는 진공에 의해 파손될 위험이 발생할 경우 이를 예방하기 위한 안전장치로, 안전밸브를 대체할 수 있는 장치

23 다음은 폐기물 관리의 기본원칙이다. (   ) 안에 들어갈 말을 쓰시오.

- 처리해야 되는 폐기물에 대한 (①)을/를 평가하고 숙지해야 한다.
- 폐기하려는 화학물질은 반응이 완결되어 (②)되어 있어야 한다.
- 화학물질의 성질 및 상태를 파악하여 분리, 폐기해야 한다.
- 화학반응이 일어날 것으로 예상되는 물질은 혼합하지 않아야 한다.
- 가스가 발생하는 경우, 반응이 완료된 후 폐기 처리해야 한다.
- 적절한 폐기물 용기를 사용해야 하고, 용기의 (③) 정도를 채워야 한다.
- 수집 용기에 적합한 (④)을/를 부착 및 기록 유지해야 한다.
- 폐기물의 장기간 보관을 금지하고 폐기물이 누출되지 않도록 뚜껑을 밀폐하고, 누출 방지를 위한 장치를 설치해야 한다.
- 만약의 상황을 대비하여 개인보호구와 비상샤워기, 세안기, 소화기 등 응급안전장치가 설비되어 있어야 한다.

① _____ ② _____ ③ _____ ④ _____

정답 ① 사전유해·위험성 ② 안정화 ③ 70% ④ 폐기물 스티커

24 다음은 지정폐기물의 저장 기준에 대한 설명이다. (   ) 안에 들어갈 말을 쓰시오.

지정폐기물 배출자는 그의 사업장에서 발생하는 지정폐기물 중 폐산, 폐알칼리, 폐유, 폐유기용제, 폐촉매, 폐흡착제, 폐흡수제, 폐농약, 폴리클로리네이티드비페닐 함유폐기물, 폐수처리 오니 중 유기성 오니는 보관이 시작된 날부터 (①)을/를 초과하여 보관하여서는 안 되며, 그 밖의 지정폐기물은 (②)을/를 초과하여 보관하여서는 안 된다. 다만, 천재지변이나 그 밖의 부득이한 사유로 장기보관 필요성이 있다고 관할 시·도지사나 지방환경관서의 장이 인정하는 경우 혹은 1년간 배출하는 지정폐기물의 총량이 (③)인 사업장의 경우에는 (④)의 기간 내에서 보관할 수 있다.

① _____ ② _____ ③ _____ ④ _____

정답 ① 45일 ② 60일 ③ 3톤 미만 ④ 1년

過/목/별/적/중/예/상/문/제

서술형 적중예상문제

PART 02

01 화학물질의 증기압에 대한 정의를 서술하시오.

> **정답** 증기압은 밀폐된 용기 내에서 액체가 기체로 되는 증발속도와 기체가 액체로 되는 응축속도가 같게 되어 액체와 기체가 평형을 이루었을 때의 기체가 나타내는 압력으로써, 액체 종류에 따라 증기압이 다르며, 온도가 증가할수록 증기압은 증가하고, 증기압이 대기압과 같아지는 온도가 끓는점이다.

02 인화점, 발화점, 연소점에 대해서 서술하시오.

> **정답** ① **인화점** : 가연성 증기를 발생시키는 액체 또는 고체가 공기 중에서 점화원에 의해 표면에 불이 붙는 데 충분한 농도의 증기를 발생시키는 최저온도
> ② **발화점** : 점화원을 부여하지 않고 물질을 공기 중 또는 산소 중에서 가열한 경우에 연소(발화 또는 폭발)를 개시하는 최저온도
> ③ **연소점** : 연소가 계속되기 위한 온도. 대략 인화점보다 10도 정도 높다.

03 산화제 역할을 할 수 있는 가스를 3종류 이상 서술하시오.

정답 오존(O_3), 산소(O_2), 염소(Cl_2), 불소(F_2), 포스겐($COCl_2$)

04 물질안전보건자료(MSDS) 작성 시 포함되어야 할 구성항목을 3가지 이상 서술하시오.

정답 ① 화학제품과 회사에 관한 정보
② 유해성·위험성
③ 구성성분의 명칭 및 함유량
④ 응급조치요령
⑤ 폭발·화재 시 대처방법
⑥ 누출사고 시 대처방법
⑦ 취급 및 저장방법
⑧ 노출방지 및 개인보호구
⑨ 물리화학적 특성
⑩ 안정성 및 반응성
⑪ 독성에 관한 정보
⑫ 환경에 미치는 영향
⑬ 폐기 시 주의사항
⑭ 운송에 필요한 정보
⑮ 법적 규제 현황
⑯ 그 밖의 참고사항

05 물질안전보건자료(MSDS)의 작성 원칙 5가지를 서술하시오.

정답 ① 누구나 알아보기 쉽게 한글로 작성
② 화학물질 개별성분과 더불어 혼합물 전체 관련 정보를 정확히 기재
③ 최초 작성 기관, 작성 시기, 참고문헌의 출처 기재
④ 국내 사용자를 위해 작성 제공됨을 전제
⑤ 16개 항목을 빠짐없이 작성

참고 ①번과 관련하여 화학물질명, 외국기관명 등 고유명사는 영어 표기 가능
⑤번과 관련하여 부득이하게 작성 불가 시 '자료 없음', '해당 없음'이라고 기재

06 가스 폭발 위험도에 대한 공식을 쓰고, 각각의 관계에 대해 서술하시오.

H : 위험도,   U : 폭발상한계,   L : 폭발하한계

정답 $H = \dfrac{U - L}{L}$
폭발 위험도는 폭발범위의 상한계와 하한계의 차이가 클수록 커지고, 폭발범위의 하한계가 낮을수록 커진다.

07 폭발범위의 특징을 3가지 이상 서술하시오.

정답 ① 폭발범위는 온도와 압력이 높아질수록 범위가 넓어진다.
② 일반적으로 주어지는 폭발범위는 상온, 상압에서의 범위이다.
③ 공기 중에서의 폭발범위보다 산소 중에서의 폭발범위가 더 넓다.
④ 어떠한 가스의 폭발범위가 넓다는 것은 그 가스가 위험하다는 것을 뜻한다.

08 폭발한계의 특징 3가지를 서술하시오.

정답 ① 폭발하한은 압력의 영향을 거의 받지 않으며, 온도의 영향을 받는다. 일반적으로 온도 상승 시 폭발하한은 감소한다.
② 폭발상한은 온도와 압력 모두의 영향을 받는다. 일반적으로 온도와 압력 상승 시 폭발상한도 상승한다.
③ 불활성가스를 혼합하면 폭발하한은 상승하며, 폭발상한은 감소한다. 즉, 불활성가스를 첨가할 시 가연성가스의 위험성이 감소한다.

09 폭발위험장소 종류 3가지를 서술하시오.

정답 ① **0종장소(Zone 0)** : 폭발성 가스분위기가 연속적으로 장기간 또는 빈번하게 존재할 수 있는 장소
② **1종장소(Zone 1)** : 폭발성 가스분위기가 정상작동 중 주기적 또는 빈번하게 생성되는 장소
③ **2종장소(Zone 2)** : 폭발성 가스분위기가 정상작동 중 조성되지 않거나, 조성된다 하더라도 짧은 기간에만 지속될 수 있는 장소

10 연구실 화학물질 폭발 형태(물리적 폭발, 화학적 폭발)의 원인을 각각 서술하시오.

> 정답 ① **물리적 폭발** : 기체나 액체의 팽창, 상변화 등에 의한 압력 상승으로 인한 폭발
> ② **화학적 폭발** : 물체의 연소, 분해, 중합 등의 화학반응에 의한 압력이 상승으로 인한 폭발

11 화재 및 폭발방지를 위한 방법 3가지를 서술하시오.

> 정답 ① 가연물을 제거
> ② 산소공급원을 차단
> ③ 점화원을 냉각하며 연쇄반응을 억제

12 화재폭발 방지 및 피해 저감 조치를 3가지 이상 서술하시오.

> 정답 ① 정전기가 점화원으로 되는 것을 방지하기 위해 상대습도를 70% 이상으로 유지한다.
> ② 불꽃 등 연구실 내 점화원을 제거 또는 억제한다.
> ③ 공기 또는 산소의 혼입을 차단한다.
> ④ 가연성가스, 증기 및 분진이 폭발범위 내로 축적되지 않도록 환기시킨다.

13 비등액체팽창증기폭발(BLEVE)의 방지 대책 3가지를 서술하시오.

> **정답** ① 탱크 내부의 온도가 상승하지 않도록 한다.
> ② 내부에 상승된 압력을 빠르게 감소시켜 주어야 한다.
> ③ 탱크가 화염에 직접 가열되는 것을 피한다.

> **참고** **비등액체팽창증기폭발(BLEVE ; Boiling Liquid Expanding Vapor Explosion)**
> 인화성 액체 또는 액화가스 저장탱크 주변에서 화재가 발생할 경우, 탱크 내부의 기상부가 국부적으로 가열되면 그 부분의 강도가 약해져 결국 탱크가 파열된다. 이때 탱크 내부의 액화된 가스 또는 인화성 액체가 급격히 외부로 유출되며 팽창이 이뤄지고, 화구(Fire Ball)를 형성하는 폭발

14 증기운 폭발(UVCE)의 방지 대책을 3가지 이상 서술하시오.

> **정답** ① 가연성 가스 또는 인화성 액체의 누출이 발생하지 않도록 지속적으로 관리한다.
> ② 가연성 가스 또는 인화성 액체의 재고를 최소화시킨다.
> ③ 가스누설감지기 또는 인화성 액체의 누액 감지기 등을 설치하여 초기 누출 시 대응할 수 있도록 한다.
> ④ 긴급차단장치를 설치하여 누출이 감지되면 즉시 공급이 차단되도록 한다.

> **참고** **증기운폭발(UVCE ; Unconfined Vapor Cloud Explosion)**
> 다량의 가연성 가스나 인화성 액체가 외부로 누출될 경우 해당 가스 또는 인화성 액체의 증기가 대기중의 공기와 혼합하여 폭발성을 가진 증기운(Vapor Cloud)을 형성하고, 점화원에 의해 점화할 경우 화구(Fire Ball)를 형성하는 폭발

15 고압가스용 실린더캐비닛의 구조 및 성능에 대해 3가지 이상 서술하시오.

정답 ① 고압가스용 실린더캐비닛의 내부압력이 외부압력보다 항상 낮게 유지될 수 있는 구조로 한다(음압).
② 고압가스용 실린더캐비닛의 내부 중 고압가스가 통하는 부분은 안전율 4 이상으로 설계한다.
③ 고압가스용 실린더캐비닛 내부의 충전용기 또는 배관에는 외부에서 조작이 가능한 긴급차단장치가 설치된 것으로 한다.
④ 가연성 가스 용기를 넣는 실린더캐비닛은 당해 실린더캐비닛에서 발생하는 정전기를 제거하는 조치가 된 것으로 한다.
⑤ 고압가스용 실린더캐비닛에 사용하는 가스는 상호반응에 의한 재해가 발생할 우려가 없어야 한다.

16 압력방출장치 중 하나인 파열판을 설치해야 하는 경우 3가지를 서술하시오.

정답 ① 반응폭주 등 급격한 압력 상승의 우려가 있는 경우
② 운전 중 안전밸브에 이상물질이 누적되어 안전밸브의 기능을 저하시킬 우려가 있는 경우
③ 화학물질의 부식성이 강하여 안전밸브 재질의 선정에 문제가 있는 경우

17 가스배관에 표시해야 되는 3가지 내용에 대해 서술하시오.

> **정답** ① 사용가스명 ② 가스흐름방향 ③ 최고사용압력

18 지정폐기물의 사고예방을 위한 폐기물정보의 기초자료 항목 중에서 사고예방을 위해 특히 구체적이고
세부적인 작성이 요구되는 항목 4가지를 서술하시오.

> **정답** ① 폐기물의 안정성·유해성
> ② 폐기물의 물리적·화학적 성상
> ③ 폐기물의 조성·성분 정보
> ④ 취급할 때의 주의사항, 피해야 할 조건

연구실 기계·물리
안전관리

 단답형 적중예상문제

01 기계 설계 시 고려하는 하중의 종류를 쓰시오.

> **정답** 정하중, 동하중, 충격하중, 반복하중
>
> **참고**
> • **정하중** : 정지상태에서 힘을 가했을 때 변화하지 않는 하중, 또는 지극히 서서히 가해진 하중(안전율이 가장 낮음)으로, 수직하중, 전단하중, 비틀림하중, 굽힘하중, 좌굴하중이 있다.
> • **동하중** : 속도가 고려되는 하중, 즉 동적으로 작용하는 하중으로, 반복하중, 교번하중, 충격하중이 있다.
> • **하중에 따른 안전율의 크기 순서** : 충격하중 〉 교번하중 〉 반복하중 〉 정하중

02 안전율(Safety Factor)의 공식을 쓰시오.

> **정답** $안전율 = \dfrac{인장강도}{허용응력} = \dfrac{극한강도}{최대설계응력} = \dfrac{파단하중}{안전하중} = \dfrac{파괴하중(극한하중)}{최대사용하중(정격하중)}$
>
> **참고** 안전여유 = 극한강도 − 허용능력 = 극한하중 − 정격하중

03 분쇄기, 파쇄기, 마쇄기, 혼합기 등을 가동하여 근로자에게 위험을 미칠 우려가 있는 경우에 설치하는 안전조치는 무엇인지 쓰시오.

> **정답** 덮개

04 다음은 기계의 위험점에 대한 설명이다. ( ) 안에 들어갈 말을 쓰시오.

종류	설명
(①)	왕복운동을 하는 동작부분과 움직임이 없는 고정부분 사이에 형성되는 위험점 예 프레스 금형조립부위, 전단기의 누름판 및 칼날 부위
(②)	고정부분과 회전하는 동작부분이 함께 만드는 위험점 예 회전 풀리와 베드 사이, 연삭숫돌과 작업대 사이
(③)	고정부분과 운동부분이 만드는 위험점이 아니고, 회전하는 운동부분 자체의 위험 이나 운동하는 기계부분 자체의 위험에서 초래되는 위험점 예 목공용 기계톱날부분, 밀링 커터부분
(④)	회전하는 두 개의 회전체에 물려 들어가는 위험성이 있는 곳을 말하며, 위험점이 발생하는 조건은 회전체가 서로 반대 방향으로 맞물려 회전 예 기어물림점, 롤러회전에 의한 물림점
(⑤)	회전하는 부분의 접선방향으로 물려 들어갈 위험이 존재하는 위험점 예 풀리와 벨트, 체인과 기어
(⑥)	회전하는 물체에 작업복 등이 말려 들어갈 위험이 존재하는 위험점 예 나사회전부, 드릴, 커플링

① _____ ② _____ ③ _____

④ _____ ⑤ _____ ⑥ _____

정답 ① 협착점(Squeeze point)   ② 끼임점(Shear point)   ③ 절단점(Cutting point)
④ 물림점(Nip point)   ⑤ 접선물림점(Tangential nip point)   ⑥ 회전말림점(Trapping point)

05 재료의 강도시험 중 시험기를 사용해서 시험편을 서서히 잡아당겨 시험편이 끊어질 때까지 변형과 하중을 측정하여 시험재료의 항복점을 알아내는 시험의 종류를 쓰시오.

_____

정답 인장시험

참고 **파괴시험의 종류** : 인장시험, 굽힘시험, 경도시험, 크리프시험, 충격시험

06 공작기계인 선반에서 길이가 지름의 12배 이상인 긴 공작물의 절삭 시 사용되는 장치로 적합한 것은 무엇인지 쓰시오.

> **정답** 방진구
>
> **참고** 가공물의 길이가 외경에 비해 가늘고 긴 공작물을 가공할 경우, 자중 및 절삭력으로 인하여 휘거나 처짐, 진동을 방지하기 위하여 사용하는 기구로, 고정식과 이동식 방진구가 있다.

07 다음은 연삭숫돌의 공회전 시험운전에 대한 설명이다. (   ) 안에 들어갈 숫자를 쓰시오.

> 연삭숫돌 작업을 시작하기 전에는 (①   )분 이상, 연삭숫돌을 교체한 후에는 (②   )분 이상 시험운전을 하고, 해당 기계에 이상이 있는지를 확인하여야 한다.

①

②

> **정답** ① 1   ② 3
>
> **참고** **연삭숫돌의 주요 현상**
> ㉠ **자생현상** : 휠 입자의 둔해진 날이 새로운 예리한 날로 바뀌어 가는 현상
> ㉡ **세딩(Shedding)현상** : 자생작용이 과도하게 일어나 숫돌의 소모가 심해지는 현상
> ㉢ **글레이징(Glazing)현상** : 숫돌 결합이 강할 때 무뎌진 입자가 탈락하지 않아 연삭 성능이 저하되는 현상

08 산업용로봇에서 2개 이상의 링크(Link)가 회전 또는 직선 운동을 할 수 있는 관절(Joint)에 의해 연결되어 있는 관절연쇄체(Articulated Chain)로서, 연쇄체의 끝은 지지기반(Supporting Base)에 부착되어 있고 다른 끝에는 물체를 잡을 수 있는 손잡이(Gripper) 또는 조립, 용접, 도장 등의 작업을 수행할 수 있는 공구가 부착되어 있는 것을 무엇이라 하는지 쓰시오.

> **정답** 매니퓰레이터(Manipulator)

09 다음 기계·기구의 안전장치를 각각 1가지 이상 쓰시오.

① 아세틸렌 용접기	② 압력용기	③ 보일러

① _____ ② _____ ③ _____

> 정답 ① 역화방지기
> ② 안전밸브(Safety Valve), 파열판(Rupture Disk)
> ③ 고저수위조절장치, 압력방출장치, 압력제한스위치, 화염검출기

10 교류아크용접기에 부착하여야 하는 방호장치를 쓰시오.

> 정답 자동전격방지장치

11 크레인 등 양중기에서 정격하중에 상당하는 짐을 싣고 주행, 선회, 승강 또는 트롤리의 수평이동 최고 속도를 무엇이라고 하는지 쓰시오.

> 정답 정격속도

12 양중기에서 근로자가 탑승하는 승용 운반구 와이어로프의 안전율(계수)은 얼마 이상으로 하는지 쓰시오.

> 정답 10

> 참고 **와이어로프 등 달기구의 안전계수**
> • 근로자가 탑승하는 운반구를 지지하는 달기 와이어로프 또는 달기 체인의 경우 : 10 이상
> • 화물의 하중을 직접 지지하는 달기 와이어로프 또는 달기 체인의 경우 : 5 이상
> • 훅, 샤클, 클램프, 리프팅 빔의 경우 : 3 이상
> • 그 밖의 경우 : 4 이상

13 재료나 구조물 또는 제품을 파괴하거나 분해하지 않고 내부의 결함 유무, 위치, 크기, 형상이나 용접부 위의 내부결함 등을 검사하는 방법으로, 용접부위의 내부결함 등을 재료가 갖고 있는 물리적 성질을 이용하여 외부에서 검사하는 것을 무엇이라 하는지 쓰시오.

정답 비파괴검사

참고 **비파괴검사방법**
ⓐ **액체침투탐상검사(침투검사)** : 침투성이 강한 액체를 표면에 뿌리거나 칠해서 설비의 균열이나 결함을 검출하는 비파괴검사
ⓑ **와류탐상검사** : 전자유도작용을 이용하여 시험체 표층부의 결함에 의해 코일의 임피던스 변화를 측정하여 결함을 식별하는 비파괴검사 방법

14 기계진동에 의하여 물체에 힘이 가해질 때 전하를 발생하거나 전하가 가해질 때 진동을 발생시키는 물질의 특성을 무엇이라 하는지 쓰시오.

정답 압전효과

15 전동공구를 사용하는 연구활동종사자의 손가락에 말초혈관운동 장애로, 혈액순환이 저해되고 손가락이 창백해지며 통증을 느끼는 증상을 무엇이라 하는지 쓰시오.

정답 레이노증후군

16 금속이 용해되어 액상물질이 되고, 가스상물질로 기화된 후 다시 응축되어 발생되는 고체입자는 무엇인지 쓰시오.

> **정답** 흄(Fume)

17 청력손실이 가장 큰 주파수는 얼마인지 쓰시오.

> **정답** 4,000Hz

18 다음은 기계·기구 및 설비의 본질적 안전화 조건(안전설계 방법)에 대한 설명이다. (　　) 안에 들어갈 말을 쓰시오.

구분		설명
(①)	정의	기계·기구 또는 그 부품이 파손되거나 고장이 발생해도 기계·설비가 항시 안전하게 작동되는 기능
	예시	• 전기난로가 쓰러지면 자동으로 소화가 되도록 하는 구조 • 승강기의 정전 시 제동장치가 작동하는 구조
	분류	• (②) : 구성요소의 고장 시 기계장치는 정지 상태가 됨. • (③) : 구성요소의 고장 시 기계장치는 경보를 내며 단시간에 역전 • (④) : 구성요소의 고장이 있어도 다음 정기점검까지는 운전 가능
(⑤)	정의	인간이 기계 등의 취급을 잘못해도 그것이 바로 사고나 재해와 연결되는 일이 없는 기능
	예시	• 선풍기의 가드에 손이 닿으면 날개의 회전이 멈추는 구조 • 가공기계에서의 예 : 가드, 조작 기계, 록 기구, 트립 기구, 오버런 기구, 밀어내기 기구, 기동방지 기구

① _____
② _____
③ _____
④ _____
⑤ _____

> **정답** ① 페일세이프(Fail Safe) ② 페일패시브(Fail Passive) ③ 페일액티브(Fail Active)
> ④ 페일오퍼레이셔널(Fail Operational) ⑤ 풀프루프(Fool Proof)

SECTION 02 서술형 적중예상문제

01 사고체인(Accident chain)의 정의와 5요소에 대해 서술하시오.

> **정답** (1) 정의
>
> 기계의 위험점을 결정하는 방법의 하나로, 기계요소에 의해서 사람이 어떻게 상해를 입느냐를 기준으로 분류하는 방법이다. 사고는 보통 복잡성을 가지고 있어 사고체인 요소 중 2개 또는 그 이상의 조합으로 인하여 발생한다.
>
> (2) 5요소
>
> ① 1요소 – 함정(Trap) : 기계의 운동에 의해서 트랩점(Trapping point)이 발생
>
> ② 2요소 – 충격(Impact) : 운동하는 어떤 기계요소들과 사람이 부딪쳐 그 요소의 운동에너지에 의해 사고가 발생
>
> ③ 3요소 – 접촉(Contact) : 날카롭거나, 뜨겁거나 또는 전류가 흐름으로써 접촉 시 상해가 일어날 요소 존재
>
> ④ 4요소 – 얽힘, 말림(Entanglement) : 작업자의 신체일부가 기계설비에 말려 들어갈 우려 존재
>
> ⑤ 5요소 – 튀어나옴(Ejection) : 기계요소나 피가공재가 기계로부터 튀어나올 우려 존재

02 기계설비의 수명 곡선(욕조 곡선)에서 나타나는 3가지 고장형태에 대해 서술하시오.

> **정답** ① 초기 고장 : 고장률이 시간에 따라 감소(감소형)
>
> ② 우발 고장 : 고장률이 시간에 관계없이 거의 일정(일정형)
>
> ③ 마모 고장 : 고장률이 시간에 따라 증가(증가형)

03 기계의 정지 시 점검사항을 3가지 이상 서술하시오.

_____

_____

_____

> **정답** ① 급유 상태
> ② 전동기 개폐기의 이상 유무
> ③ 방호장치, 동력전달장치의 점검
> ④ 슬라이드 부분 상태
> ⑤ 힘이 걸린 부분의 흠집, 손상의 이상 유무
> ⑥ 볼트, 너트의 헐거움이나 풀림 상태 확인
> ⑦ 스위치 위치와 구조 상태, 접지 상태 점검

04 기계의 운전 시 점검사항을 3가지 이상 서술하시오.

_____

_____

_____

> **정답** ① 클러치
> ② 기어의 맞물림 상태
> ③ 베어링 온도상승 여부
> ④ 슬라이드면의 온도상승 여부
> ⑤ 이상음, 진동 상태
> ⑥ 시동정지 상태

05 기계설비의 운전 시 기본 안전수칙을 3가지 이상 서술하시오.

정답 ① 방호장치는 유효한 상태로 적절히 사용하며 허가 없이 무단으로 떼어 놓지 말 것
② 작업범위 이외의 기계는 허가 없이 사용하지 말 것
③ 공동작업을 할 경우 시동을 걸 때 남에게 위험이 없도록 확실한 신호를 보내고 스위치를 넣을 것
④ 기계설비 운전 중에는 기계에서 이탈하지 않도록 할 것
⑤ 기계설비 운전 중에 기계에서 이상한 소리, 진동, 냄새 등이 날 때는 즉시 전원을 차단할 것
⑥ 기계설비를 청소한 기름걸레는 불연재 용기 속에 넣고 자연발화 등의 위험을 예방할 것
⑦ 기계설비가 고장이 났을 때는 정지, 고장 표시를 반드시 기계설비에 부착할 것
⑧ 작업이 끝나면 안전점검을 실시하고 기계의 각 부위를 정지위치에 놓을 것

06 방호장치(안전장치)의 종류 및 방호방법을 3가지 이상 서술하시오.

정답 ① **위치제한형** : 작업자의 신체부위가 위험한계 밖에 있도록 기계의 조작장치를 위험한 작업점에서 안전거리 이상 떨어지게 하거나, 조작장치를 양손으로 동시 조작하게 함으로써 위험한계에 접근하는 것을 제한하는 방호장치
② **접근거부형** : 작업자의 신체부위가 위험한계 내로 접근하였을 때 기계적인 작용에 의하여 접근을 못하도록 저지하는 방호장치
③ **접근반응형** : 작업자의 신체부위가 위험한계 또는 그 인접한 거리 내로 들어오면 이를 감지하여 그 즉시 기계의 동작을 정지시키고 경보 등을 발하는 방호장치
④ **포집형** : 연삭기 덮개나 반발예방장치 등과 같이 위험장소에 설치하여 위험원이 비산하거나 튀는 것을 포집하여 작업자로부터 위험원을 차단하는 방호장치
⑤ **감지형** : 이상온도, 이상기압, 과부하 등 기계의 부하가 안전한계치를 초과하는 경우에 이를 감지하고 자동으로 안전상태가 되도록 조정하거나 기계의 작동을 중지시키는 방호장치

07 방호장치(안전장치) 선정 시 고려사항을 3가지 이상 서술하시오.

정답
① **방호의 정도** : 위험을 예지하는 것인가, 방지하는 것인가를 고려할 것
② **적용의 범위** : 기계성능에 따라 적합한 것을 선정할 것
③ **보수·정비의 난이** : 점검, 분해, 조립하기 쉬운 구조일 것
④ **신뢰성** : 가능한 구조가 간단하며, 방호능력의 신뢰도가 높을 것
⑤ **작업성** : 작업성을 저해하지 않을 것
⑥ **경비** : 가능한 한 가격이 저렴할 것

08 가공기계에 쓰이는 풀프루프(Fool Proof) 기계·기구의 종류와 예를 3가지 이상 서술하시오.

정답
① **가드** : 고정가드, 조정가드, 경고가드, 인터록
② **조작 기계** : 양수조작식, 컨트롤
③ **록(Lock) 기구** : 인터록, 열쇠식 인터록, 키록
④ **트립(Trip) 기구** : 접촉식, 비접촉식
⑤ **오버런(Overrun) 기구** : 검출식, 타이밍식
⑥ **밀어내기(Push & Pull) 기구** : 자동가드식, 손쳐내기식, 수인식
⑦ **기동방지 기구** : 안전블록, 안전플러그, 레버록

참고 **풀프루프(Fool Proof)**
인간이 기계 등의 취급을 잘못해도 그것이 바로 사고나 재해와 연결되는 일이 없는 기능

PART 03

09 선반의 안전장치를 3가지 이상 서술하시오.

_____

_____

_____

정답 ① **실드(Shield)** : 칩 및 절삭유의 비산방지를 위하여 전후, 좌우, 위쪽에 설치하는 플라스틱 덮개
② **칩 브레이커** : 가공 시 발생하는 칩을 잘게 끊어주는 장치. 연삭형, 클램프형, 자동조정식이 있음.
③ **척커버** : 척이나 척에 물린 가공물의 돌출부에 작업복이 말려 들어가는 것을 방지하는 장치
④ **방진구** : 공작물의 길이가 직경의 12배 이상일 때 고정하는 장치
⑤ **브레이크** : 선반을 일시정지하는 장치

10 밀링 작업의 안전수칙을 3가지 이상 서술하시오.

_____

_____

_____

정답 ① 칩이나 부스러기를 제거할 때는 반드시 브러시를 사용하며, 걸레를 사용하지 말 것
② 제품을 풀어내거나 치수를 측정할 때는 기계를 정지시킨 후 수행할 것
③ 밀링작업 중에 생기는 칩은 가늘고 길기 때문에 비산하여 부상을 당하기 쉬우므로, 보안경을 착용할 것
④ 장갑은 착용하지 말 것
⑤ 강력 절삭을 할 때는 공작물을 바이스에 깊게 물릴 것

11 드릴링머신의 위험요인 3가지를 서술하시오.

_____

_____

정답 ① 드릴, 탭 등의 공구 또는 척(Chuck)의 협착에 의한 위험
② 공작물의 고정불량으로 공작물 비래(飛來), 충돌에 의한 위험
③ 절삭칩이 비산되거나 신체접촉에 의한 위험

12 연삭기 작업의 재해예방대책에 대해 서술하시오.

정답 ① **연삭기 측면덮개 설치** : 연삭작업 시에는 임의로 측면덮개를 제거한 채로 작업을 하지 말아야 하며, 숫돌 파손 시 방호덮개가 파편 충격에 견딜 수 있는 충분한 강도를 가지도록 유지하여, 연삭작업 시 파편이나 칩의 비래(飛來)에 의한 위험을 방지할 것
② **연삭작업 시 시운전작업 실시** : 작업시작 전 1분 이상, 연삭숫돌 교체 후 3분 이상 시운전을 통해 결함 유무를 확인할 것
③ **개인보호구 착용** : 연삭작업 시 보안경, 방진마스크, 귀마개 등 개인보호구 착용

13 수공구 작업의 안전수칙을 3가지 이상 서술하시오.

정답 ① 목적에 맞는 최소한의 무게를 가진 공구를 선택할 것
② 수공구를 사용하기 전에 기름 등 이물질을 제거하고 반드시 이상유무를 확인한 후 사용할 것
③ 수공구는 통풍이 잘되는 보관장소에 수공구별로 보관할 것
④ 수공구를 가지고 사다리 등 높은 곳을 오를 때는 수공구주머니에 공구를 넣어 몸에 장착하여 운반할 것
⑤ 보안경 등 작업에 알맞은 보호구를 착용하고 작업할 것
⑥ 수공구는 처음과 끝에 과격한 힘을 주지 말고 서서히 힘을 줄 것
⑦ 작업물을 확실히 고정시킨 후 작업할 것
⑧ 안정된 자세를 확보한 후 작업할 것
⑨ 저소음, 저진동형 공구로 사용할 것
⑩ 정기적으로 유지 보수할 것

14 정 작업의 안전수칙을 3가지 이상 서술하시오.

_____

_____

_____

정답 ① 작업을 할 때는 보안경을 착용할 것
② 정으로 담금질 된 재료를 가공하지 말 것
③ 자르기 시작할 때와 끝날 무렵에는 세게 치지 말 것
④ 철강재를 정으로 절단할 때는 철편이 날아 튀어 오르는 것에 주의할 것
⑤ 시선은 정의 날 끝을 바라볼 것
⑥ 정을 잡은 손의 힘을 뺄 것
⑦ 처음에는 가볍게 두드리고 점차 힘을 가한 후 작업이 끝날 때는 가볍게 두드릴 것
⑧ 절삭칩을 손으로 제거하지 말 것

15 해머 작업의 안전수칙을 3가지 이상 서술하시오.

_____

_____

_____

정답 ① 작업 시 장갑을 끼지 말 것
② 작업 중 해머상태를 확인할 것
③ 처음부터 힘을 주어 치지 말 것
④ 공동작업 시에는 호흡을 맞출 것
⑤ 자루가 단단한 것을 사용할 것
⑥ 타격면이 경사진 것을 사용하지 말 것
⑦ 작업에 알맞은 무게의 해머를 사용할 것
⑧ 가볍게 타격 후 점점 무게를 가하여 타격할 것
⑨ 작업 중 한눈을 팔지 말 것

16 줄 작업의 안전수칙을 3가지 이상 서술하시오.

> **정답** ① 줄 자루와 함께 사용할 것
> ② 줄에 균열이 있는 것은 사용하지 말 것
> ③ 줄 자루는 알맞은 크기로 확실히 고정할 것
> ④ 줄눈에 칩(Chip)이 차 있으면 와이어브러시로 제거할 것
> ⑤ 줄을 너무 세게 밀어줄 자루가 공작물에 부딪쳐 자루가 빠지는 일이 없도록 할 것

17 쇠톱 작업의 안전수칙을 3가지 이상 서술하시오.

> **정답** ① 톱날을 쇠톱의 프레임에 고정할 때 알맞은 장력으로 고정할 것
> ② 절삭 시 공작물이 흔들리면 톱날이 부러지므로 확실히 고정할 것
> ③ 톱날은 밀 때 절삭되며 알맞은 힘으로 작업할 것
> ④ 시선은 깎이는 공작물을 주시할 것
> ⑤ 작업이 끝날 때는 서서히 작업할 것

18 프레스의 작업점에 대한 방호방법에 대해 서술하시오.

> **정답** (1) 금형 안에 손이 들어가지 않는 구조(No-hand in die)
> ① 안전울 설치
> ② 안전 금형 사용
> ③ 자동화 또는 전용 프레스 도입
> (2) 금형 안에 손이 들어가는 구조(Hand in die)
> ① 가드식 방호장치
> ② 수인식 방호장치
> ③ 손쳐내기식 방호장치
> ④ 양수조작식 방호장치
> ⑤ 광전자식 방호장치

19 프레스 방호장치의 종류 3가지를 서술하시오.

> **정답** ① **1행정 1정지식 프레스** : 양수조작식, 게이트가드식
> ② **행정길이 40mm 이상** : 손쳐내기식, 수인식
> ③ **슬라이드 작동 중 정지가능한 구조(마찰식 프레스)** : 광전자식

20 원심기의 안전기준 3가지를 서술하시오.

정답 ① **덮개의 설치** : 원심기에는 덮개를 설치할 것
② **운전의 정지** : 원심기로부터 내용물을 꺼낼 때는 운전을 정지할 것
③ **최고 사용회전수의 초과사용 금지** : 원심기의 정격회전수를 초과하여 사용하지 말 것

21 롤러기의 안전장치 종류 3가지와 조작부의 설치 위치를 쓰시오.

정답 ① **손조작식 급정지장치** : 바닥에서 1.8m 이내
② **복부조작식 급정지장치** : 바닥에서 0.8m 이상 1.1m 이내
③ **무릎조작식 급정지장치** : 바닥에서 0.6m 이내

22 컨베이어의 종류를 3가지 이상 서술하시오.

정답 ① **롤러(Roller)컨베이어** : 나란히 배열한 여러 개의 롤러를 비스듬히 놓거나 기어를 회전시켜 그 위에 실려 있는 운반물을 운반하는 컨베이어
② **스크루(Screw)컨베이어** : 반원통 속에서 나선모양의 날개가 달린 축이 돌면서 운반물을 나르는 컨베이어
③ **벨트(Belt)컨베이어** : 두 개의 바퀴에 벨트를 걸어 돌리면서 그 위에 운반물을 올려 연속적으로 운반하는 컨베이어
④ **체인(Chain)컨베이어** : 체인을 사용하여 운반물을 운반하는 컨베이어

23 컨베이어 작업의 안전수칙을 3가지 이상 서술하시오.

정답 ① 컨베이어에는 정격하중 이상 적재를 금지할 것
② 기어·체인 등 회전체에 접근을 금지할 것
③ 컨베이어를 건널 때는 반드시 건널다리를 이용하여 이동할 것
④ 인력으로 적하하는 컨베이어 적하장에는 하중, 무게의 제한표시를 할 것
⑤ 기어, 활차 또는 그 밖에 이동부에는 재해예방용 가드나 덮개를 설치할 것
⑥ 컨베이어의 모든 기계부분을 정기적으로 점검하여 과도하게 파손된 곳이 발견될 때는 즉시 교체할 것
⑦ 지면으로부터 2m 이상 높이에 설치된 컨베이어는 승강계단을 설치할 것
⑧ 지하도나 피트(Pit) 내에 이동하는 컨베이어는 점검, 급유, 보수작업을 안전하게 할 수 있는 도장, 조명, 배기 또는 대피구를 설치할 것
⑨ 보수작업 시에는 전원스위치를 내리고 개폐기 자물쇠 장치를 설치하며, 여러 명이 동시에 작업할 때는 관리자가 열쇠를 보관할 것
⑩ 가동 중에는 일체의 보수나 급유를 하지 말 것
⑪ 기점과 종점에는 '보수작업중' 표시를 게시할 것
⑫ 정전기가 발생할 우려가 있는 개소에는 정전기 제거기를 설치하고 접지할 것

---

24 작업장에서 화물 또는 사람을 올리고 내리는 데 사용하는 기계를 양중기라 한다. 양중기의 종류를 3가지 이상 서술하시오.

정답 ① 크레인(호이스트를 포함)   ② 리프트
③ 곤돌라   ④ 승강기(최대하중이 0.25톤 이상인 것에 한함)

참고 크레인의 종류
① **천장크레인(Overhead travelling crane)** : 주행레일 위에 설치된 새들에 직접적으로 지지되는 거더가 있는 크레인
② **호이스트(Hoist)** : 훅이나 기타의 달기구 등을 사용하여 하물을 권상 및 횡행 또는 권상동작만을 행하는 양중기계
③ **갠트리크레인(Gantry crane)** : 주행레일 위에 설치된 교각(Leg)에 의해 지지되는 거더가 있는 크레인
④ **지브크레인(Jib type crane)** : 지브나 지브를 따라 움직이는 크래브(Crab)에 매달린 달기구에 의해 화물을 이동시키는 크레인
⑤ **타워크레인(Tower crane)** : 수직타워의 상부에 위치한 지브를 선회시키는 크레인

25 크레인의 방호장치를 3가지 이상 서술하시오.

정답 ① **권과방지장치** : 양중기에 설치된 권상용 와이어로프 또는 지브 등의 붐 권상용 와이어로프의 권과를 방지하기 위한 장치

② **과부하방지장치** : 하중이 정격을 초과하였을 때 자동적으로 상승이 정지되는 장치

③ **비상정지장치** : 작업자가 기계를 잘못 작동시킨 경우 등 어떤 불시의 요인으로 기계를 순간적으로 정지시키고 싶을 때 사용하는 스위치

④ **브레이크장치** : 운동체와 정지체의 기계적 접촉에 의해 운동체를 감속 또는 정지 상태로 유지하는 기능을 가진 장치

⑤ **훅해지장치** : 훅걸이용 와이어로프 등이 훅으로부터 벗겨지는 것을 방지하는 방호장치

26 양중기의 와이어로프 사용금지 조건을 3가지 이상 서술하시오.

정답 ① 이음매가 있는 것

② 와이어로프의 한 꼬임에서 끊어진 소선의 수가 10% 이상인 것

③ 지름의 감소가 공칭지름의 7%를 초과하는 것

④ 꼬인 것

⑤ 심하게 변형 또는 부식된 것

PART 03

27 비파괴검사의 종류를 결함검출의 위치에 따라 구분하여 서술하시오.

> 정답 **(1) 표면결함검출을 위한 비파괴검사**
> ① **육안검사** : 확대경, 치수측정, 형상확인
> ② **액체침투탐상검사** : 금속·비금속 적용가능, 표면개구 결함확인
> ③ **자분탐상검사** : 강자성체에 적용, 표면 및 표면의 저부 결함확인
> ④ **와전류탐상검사** : 도체표층부 탐상, 봉, 관의 결함확인
> **(2) 내부결함검출을 위한 비파괴검사**
> ① **초음파탐상검사** : 균열 등 면상 결함검출
> ② **방사선투과검사** : 결함종류, 형상판별 우수, 구상 결함검출

28 진동장애의 예방대책을 서술하시오.

> 정답 **(1) 보호구 착용**
> 방진장갑 등 진동보호구 착용
> **(2) 근로자에게 유해성 등의 주지**
> ① 인체에 미치는 영향 및 증상
> ② 보호구의 선정 및 착용방법
> ③ 진동기계, 기구 관리방법
> ④ 진동장애 예방방법
> **(3) 진동 기계·기구의 사용설명서 비치**
> 근로자가 진동작업에 종사하는 경우 해당 진동 기계·기구의 사용설명서 등을 작업장 내에 갖추어 둘 것
> **(4) 진동 기계·기구의 관리**
> 진동 기계·기구가 정상적으로 유지될 수 있도록 상시 점검하여 보수하는 등 관리를 할 것
> **(5) 진동공구에서의 진동발생을 감소**
> ① 적절한 휴식
> ② 진동공구의 무게를 10kg 이상 초과하지 않게 할 것
> ③ 손에 진동이 도달하는 것을 감소시키며, 진동노출을 감소시키기 위하여 장갑 사용
> ④ 구조물의 진동을 최소화
> ⑤ 발진원의 격리
> ⑥ 저진동공구의 사용
> ⑦ 진동업무의 작업자와 격리

29 소음 감소대책을 서술하시오.

정답 강렬한 소음작업이나 충격소음작업 장소에 대하여 기계·기구 등의 대체, 시설의 밀폐·흡음 또는 격리 등 소음감소를 위한 조치를 할 것
① 소음기의 설치
② 방음덮개의 설치
③ 방음창 및 방음실 설치
④ 방음외벽 설치
⑤ 방음터널 설치
⑥ 방음림 및 방음언덕 설치
⑦ 흡음장치 설치

참고 **소음작업의 기준**
1일 8시간 작업을 기준으로 85dB 이상의 소음이 발생하는 작업

30 안전점검의 실시방법에 대해 서술하시오.

정답 ① **외관점검(육안검사)** : 기기의 적정한 배치, 부착상태, 변형, 균열, 손상, 부식, 마모, 볼트의 풀림 등의 유무를 시각 및 촉감 등으로 조사하고 점검기준에 의해 양부 확인
② **기능점검(조작검사)** : 간단한 조작을 행하여 봄으로써 대상기기에 대한 기능의 양부 확인
③ **작동점검(작동상태검사)** : 방호장치나 누전차단기 등을 정해진 순서에 의해 작동시켜 그 결과를 관찰하여 상황의 양부 확인
④ **종합점검** : 정해진 기준에 따라서 측정검사를 실시하고 정해진 조건하에서 운전 시험을 실시하여 기계설비의 종합적인 기능 판단

31 안전점검 시 포함하여야 할 사항(점검내용)을 3가지 이상 서술하시오.

> 정답 ① 점검대상
> ② 점검부분
> ③ 점검항목
> ④ 실시주기
> ⑤ 점검방법
> ⑥ 판정기준
> ⑦ 조치

32 안전인증대상 기계·기구 및 설비를 3가지 이상 서술하시오.

> 정답 ① 프레스
> ② 전단기(剪斷機) 및 절곡기(折曲機)
> ③ 크레인
> ④ 리프트
> ⑤ 압력용기
> ⑥ 롤러기
> ⑦ 사출성형기(射出成形機)
> ⑧ 고소(高所) 작업대
> ⑨ 곤돌라

PART 04

연구실
생물 안전관리

01 다음은 「유전자재조합실험지침」에서 사용하는 용어의 정의이다. (　　) 안에 들어갈 말을 쓰시오..

용어	설명
유전자재조합분자	핵산(합성된 핵산 포함)을 인위적으로 결합하여 구성된 분자로, 살아있는 세포 내에서 복제가 가능한 것
유전자재조합실험	유전자재조합분자 또는 유전물질(합성된 핵산 포함)을 세포에 도입하여 복제하거나 도입된 세포를 이용하는 실험
(　①　)	유전자재조합실험에서 유전자재조합분자 또는 유전물질(합성된 핵산 포함)이 도입되는 세포
(　②　)	유전자재조합실험에서 숙주에 유전자재조합분자 또는 유전물질(합성된 핵산 포함)을 운반하는 수단(핵산 등)
(　③　)	벡터에 삽입하거나 또는 직접 주입하고자 하는 유전자재조합분자 또는 유전물질(합성된 핵산 포함)이 유래된 생물체
대량배양실험	유전자재조합실험 중 (　④　)리터 이상의 배양용량 규모로 실시하는 실험

① _____ ② _____ ③ _____ ④ _____

정답 ① 숙주 ② 벡터 ③ 공여체 ④ 10

참고 유전자재조합실험지침 제2조(정의)

02 다음은 「유전자재조합실험지침」에 따른 실험의 안전확보에 관한 내용이다. (　　) 안에 들어갈 말을 쓰시오.

시험·연구책임자는 유전자재조합실험의 안전확보를 위하여 일반 미생물 실험실에서 이용하는 실험방법을 기본으로 하여 실험의 (　①　)에 따라 (　②　)와/과 (　③　)을/를 적절히 조합하여 계획하고 실험을 실시한다.

① _____ ② _____ ③ _____

정답 ① 위해성 평가 ② 물리적 밀폐 ③ 생물학적 밀폐

참고 유전자재조합실험지침 제3조(실험의 안전확보)

03 다음은 「유전자변형생물체에 관한 국가간 이동 등에 관한 법률」에서 사용하는 용어의 정의이다. ( ) 안에 들어갈 말을 쓰시오.

용어	설명
유전자변형생물체	다음 각 목의 현대생명공학기술을 이용하여 새롭게 조합된 유전물질을 포함하고 있는 생물체 (1) 인위적으로 유전자를 재조합하거나 유전자를 구성하는 핵산을 세포 또는 세포 내 소기관으로 직접 주입하는 기술 (2) 분류학에 의한 과(科)의 범위를 넘는 (①)
후대교배종	(②)을/를 거친 유전자변형식물끼리 교배하여 얻은 유전자변형식물
환경방출	유전자변형생물체를 시설, 장치, 그 밖의 구조물을 이용하여 (③)하지 아니하고, 의도적으로 자연환경에 노출되게 하는 것
관계 중앙행정기관	다음의 어느 하나에 해당하는 업무를 관장하는 중앙행정기관으로서, 대통령령으로 정하는 중앙행정기관 (1) 유전자변형생물체의 개발·생산·수입(휴대품 또는 우편물로 수입하는 경우를 포함)·수출·판매·운반·보관·이용 등에 관한 업무 (2) (④)에 기반한 유전자변형생물체의 연구개발과 관련 산업의 건전한 발전을 촉진하는 업무

① _____ ② _____ ③ _____ ④ _____

정답 ① 세포융합기술 ② 위해성심사 ③ 밀폐 ④ 바이오안전성

참고 유전자변형생물체법 제2조(정의)

04 고위험병원체를 관리하는 법률은 무엇인지 쓰시오.

정답 감염병 예방 및 관리에 관한 법률(약칭 : 감염병예방법)

참고 감염병예방법 제5장(고위험병원체)

PART 04

05 다음은 생물학적 위해성평가에 대한 내용이다. (　　　) 안에 들어갈 말을 쓰시오.

> • 생물학적 위해성평가란 잠재적인 인체감염 위험이 있는 병원체를 취급하는 연구실에서 실험과 관련된 병원체 등 (①)을/를 바탕으로 실험의 위해(Risk)가 어느 정도인지를 추정하고 평가하는 과정을 말한다.
> • 위해성평가 결과는 해당 실험의 위해 감소 관리를 위한 연구시설의 (②), 개인보호장비, (③) 및 안전수칙 등을 결정하는 주요 인자가 된다.

① _____   ② _____   ③ _____

정답 ① 위험요소(Hazard)　② 밀폐 수준　③ 생물안전장비

06 생물학적 위해성평가 절차에서 미생물학적 위해성평가는 다음의 5단계로 구분된다. (　　　) 안에 들어갈 말을 쓰시오.

> 1단계. 위험요소 확인
> 2단계. (①)
> 3단계. 용량반응 평가
> 4단계. (②)
> 5단계. 위해성 판단

① _____   ② _____

정답 ① 노출 평가　② 위해 특성

참고 위해성평가 결과는 발생 가능한 위해를 제거하거나 최소화할 수 있는 위해 관리와 연계되어 적합한 연구시설 밀폐등급 결정 및 연구실 생물안전관리를 수립하는 데 활용된다.

07 다음 설명에서 (　　) 안에 공통으로 들어가는 말을 쓰시오.

> - 미생물 및 감염성 물질 등을 취급 보존하는 실험 환경에서 이들을 안전하게 관리하는 방법을 확립하는 데 있어 기본적인 개념은 (　　)이다.
> - (　　)의 목적은 연구활동종사자, 행정 직원, 지원 직원(시설관리 용역 등) 등 기타 관계자, 그리고 연구실과 외부환경 등이 잠재적 위해 인자 등에 노출되는 것을 줄이거나 차단하기 위함이다.
> - (　　)의 3가지 핵심요소는 안전시설, 안전장비, 연구실 준수사항·안전관련 기술이다.

> 정답 밀폐

> 참고 유전자재조합실험지침 제3조(실험의 안전확보)

08 다음은 「유전자재조합실험지침」에 따른 기관생물안전위원회의 구성 요건이다. (　　) 안에 들어갈 말을 쓰시오.

> 기관생물안전위원회는 위원장 1인 및 (　①　) 1인, 외부위원 1인을 포함한 (　②　)인 이상의 내·외부위원으로 구성한다.

① _____ ② _____

> 정답 ① 생물안전관리책임자　② 5

> 참고 유전자재조합실험지침 제20조(기관생물위원회)

09 다음은 기관생물안전위원회 구성 및 설치·운영에 관한 사항이다. (   ) 안에 들어갈 말을 쓰시오.

- 생물안전 1등급 시설을 보유한 기관은 (①   )을/를 임명하여야 하고, (②   ) 지정은 권장 사항이다.
- 생물안전 2등급 시설을 보유한 기관은 (③   )을/를 설치·운영해야 하고, (①   )을/를 임명해야 하며, (②   ) 지정은 권장 사항이다.
- 생물안전 3등급 시설 이상을 보유한 기관은 (③   )을/를 설치·운영해야 하고, (①   ) 및 (②   )을/를 임명·지정해야 한다.

①   ②   ③

정답 ① 생물안전관리책임자   ② 생물안전관리자   ③ 기관생물안전위원회

참고 유전자변형생물체의 국가간 이동 등에 관한 통합고시 별표 9-1

구분	기관생물안전위원회 설치·운영	생물안전관리책임자 임명	생물안전관리자 지정
생물안전 1등급 시설	권장	필수	권장
생물안전 2등급 시설	필수	필수	권장
생물안전 3, 4등급 시설	필수	필수	의무

10 다음은 「유전자변형생물체의 국가간 이동 등에 관한 통합고시」에 따라 기관장을 보좌해야 하는 생물안전관리책임자의 역할이다. (   ) 안에 들어갈 말을 쓰시오.

- (①   ) 운영에 관한 사항
- 기관 내 (②   ) 준수사항 이행 감독에 관한 사항
- 기관 내 (②   ) 교육·훈련 이행에 관한 사항
- 실험실 (②   ) 사고조사 및 보고에 관한 사항
- (②   )에 관한 국내·외 정보수집 및 제공에 관한 사항
- 기관 (③   ) 지정에 관한 사항
- 기타 기관 내 (②   ) 확보에 관한 사항

①   ②   ③

정답 ① 기관생물안전위원회   ② 생물안전   ③ 생물안전관리자

참고 유전자변형생물체의 국가간 이동 등에 관한 통합고시 제9-9조(연구시설의 안전관리 등)
생물안전관리자는 위 7개 사항 중 '기관 생물안전관리자 지정에 관한 사항'을 제외한 6개 사항에 관하여 생물안전관리책임자를 보좌하고 관련 행정 및 실무를 담당한다.

11 다음은 「유전자변형생물체의 국가간 이동 등에 관한 법률 시행령」에 따른 유전자변형생물체의 용기나 포장 또는 수입송장에 표시하여야 하는 사항이다. ( ) 안에 들어갈 말을 쓰시오.

> • 유전자변형생물체의 (①)·(②)·(③) 및 (④)
> • 유전자변형생물체의 안전한 취급을 위한 주의사항
> • 유전자변형생물체의 개발자 또는 생산자, 수출자 및 수입자의 성명·주소(상세하게 기재) 및 전화번호
> • 유전자변형생물체에 해당하는 사실

① _____   ② _____

③ _____   ④ _____

정답 ① 명칭 ② 종류 ③ 용도 ④ 특성

참고 유전자변형생물체법 시행령 제24조(표시사항)

12 다음은 「화학무기·생물무기의 금지와 특정화학물질·생물작용제 등이 제조·수출입 규제 등에 관한 법률(약칭 : 생화학무기법)」에서 정의하는 물질 용어이다. ( ) 안에 들어갈 말을 쓰시오.

용어	설명
(①)	자연적으로 존재하거나 유전자를 변형하여 만들어져 인간이나 동식물에 사망, 고사, 질병, 일시적으로 무능화나 영구적 상해를 일으키는 미생물 또는 바이러스로서, 「생화학무기법 시행령」으로 정하는 물질
(②)	생물체가 만드는 물질 중 인간이나 동식물에 사망, 고사, 질병, 일시적 무능화나 영구적 상해를 일으키는 것으로서, 「생화학무기법 대통령령」으로 정하는 물질

① _____   ② _____

정답 ① 생물작용제 ② 독소

참고 생화학무기법 제2조(정의)

13 다음 설명에서 (   ) 안에 공통으로 들어가는 법률을 쓰시오.

시험 연구기관에서 발생하는 의료폐기물은 (   )에서 정한 의료폐기물의 기준 및 방법에 의해 안전히 처리하여야 한다. 따라서 연구활동종사자는 (   ) 관련 규정을 충분히 숙지하고 처리절차를 준수하여 안전한 폐기물 처리를 위해 노력해야 한다.

정답 폐기물관리법

14 다음은 「폐기물관리법 시행령」에 따른 의료폐기물의 종류이다. (   ) 안에 들어갈 말을 쓰시오.

분류		특징
격리의료폐기물		감염병예방법에 따른 감염병으로부터 타인을 보호하기 위하여 격리된 사람에 대한 의료행위에서 발생한 일체의 폐기물
위해의료 폐기물	(①)	인체 또는 동물의 조직·장기·기관·신체의 일부, 동물의 사체, 혈액·고름, 혈액 생성물(혈청, 혈장, 혈액제제)
	(②)	시험·검사 등에 사용된 배양액, 배양용기, 보관균주, 폐시험관, 슬라이드, 커버글라스, 폐배지, 폐장갑
	(③)	주사바늘, 봉합바늘, 수술용 칼날, 한방침, 치과용 침, 파손된 유리재질의 시험기구
	(④)	폐백신, 폐항암제, 폐화학치료제
	(⑤)	폐혈액백, 혈액투석 시 사용된 폐기물, 그 밖에 혈액이 유출될 정도로 포함되어 특별한 관리가 필요한 폐기물
일반의료폐기물		혈액·체액·분비물·배설물이 함유되어 있는 탈지면, 붕대, 거즈, 일회용 기저귀, 생리대, 일회용 주사기, 수액세트

①   ②   ③

④   ⑤

정답 ① 조직물류폐기물   ② 병리계폐기물   ③ 손상성폐기물   ④ 생물·화학폐기물   ⑤ 혈액오염폐기물

참고 폐기물관리법 시행령 별표 2(의료폐기물의 종류)

15 다음 설명에서 (   ) 안에 들어갈 말을 쓰시오.

> • 세척은 물과 세정제 혹은 효소로 물품의 표면에 붙어있는 오물을 씻어내는 것으로, 미생물이나 오염물질을 제거하는 과정이다.
> • (①)은/는 일반적으로 미생물의 생활력을 파괴시키거나 약화시켜 감염 및 증식력을 없애는 조작을 의미하며, 미생물의 영양세포를 사멸시킬 수 있으나, 아포는 파괴하지 못한다.
> • (②)은/는 모든 형태의 생물, 특히 미생물을 파괴하거나 제거하는 물리적, 화학적 행위 또는 처리 과정을 의미한다.

① _____   ② _____

[정답] ① 소독   ② 멸균

16 다음 설명하는 것이 무엇인지 쓰시오.

> 미생물이 환경, 소독제 등에 노출되는 시간이 경과함에 따라 발생할 수 있는 미생물의 염색체 유전자 변이, 또는 치사농도보다 낮은 농도의 소독제를 지속적으로 사용하는 과정에서 획득되는 내성을 의미한다.

[정답] 획득 저항성

[참고] **고유 저항성**
미생물의 고유한 특성 즉, 미생물의 구조, 형태 등의 특성, 균 속, 균 종 등에 따라 갖게 되는 소독제에 대한 고유 저항성

17 다음 설명에서 (   ) 안에 공통으로 들어갈 말을 쓰시오..

> • (   )은/는 직경이 5마이크로미터 이하로서 공기에 부유하는 작은 고체 또는 액체 입자를 말하며, 장시간 오랫동안 공중에 남아 넓은 거리에 퍼져 쉽게 흡입이 이루어진다.
> • 실험 중 발생한 감염성 물질로 구성된 (   )은/는 실험실 획득 감염의 가장 큰 원인이 된다.
> • 연구실에서는 균질화기, 동결건조기, 초음파 파쇄기, 원심분리기, 진탕배양기, 전기영동 등 많은 실험과정에서 인체에 해로운 (   )이/가 발생할 수 있다.

[정답] 에어로졸

PART 04

18 다음 설명에서 (   ) 안에 공통으로 들어갈 말을 쓰시오.

- (   )은/는 세균 바이러스를 취급하는 연구활동종사자가 실험 관련 활동 과정에서 사고로 감염이 일어나는 것을 말한다.
- (   )은/는 감염성 물질을 취급하던 중 연구활동종사자의 신체가 직접 노출되거나 흡입, 섭취, 병원체를 접종한 실험동물에 물림으로써 일어날 수 있으며, 이는 국내외 많은 사례가 보고되고 있다.
- (   )을/를 예방하기 위해서는 생물안전 확보에 적절한 시설과 장비, 개인보호구를 구비하고 실험을 수행하는 것이 중요하며, 무엇보다 연구활동종사자가 생물안전 수칙을 지키는 것이 가장 중요하다.

정답 실험실 획득감염(Laboratory-acquired Infection)

---

19 다음의 〈보기〉 항목을 유출처리키트(Spill Kit)의 사용 절차에 맞게 나열하시오.

〈보기〉

ㄱ. 손 소독   ㄴ. 오염부위 소독   ㄷ. 주변확산 방지
ㄹ. 전파   ㅁ. 보호구 착용   ㅂ. 보호구 탈의 및 폐기물 폐기

정답 ㄹ - ㅁ - ㄷ - ㄴ - ㅂ - ㄱ

참고 **유출처리키트의 사용 절차**
전파 → 보호구 착용 → 주변확산 방지 → 오염부위 소독 → 보호구 탈의 및 폐기물 폐기 → 손 소독

서술형 적중예상문제

01 「유전자재조합실험지침」에 따른 생물안전의 정의를 서술하시오.

> **정답** 잠재적으로 인체 및 환경 위해 가능성이 있는 생물체 또는 생물재해로부터 실험자 및 국민의 건강을 보호하기 위한 지식과 기술, 그리고 장비 및 시설을 적절히 사용하도록 하는 조치를 말한다.

> **참고** 연구실에서 병원성 미생물 및 감염성 물질 등 생물체를 취급함으로써 초래될 가능성이 있는 위험으로부터 연구활동종사자와 국민의 건강을 보호하기 위하여 적절한 지식과 기술 등의 제반 규정 및 지침 등 제도 마련 및 안전장비 시설 등의 물리적 장치 등을 갖추는 포괄적 행위를 의미한다.

02 생물안전 확보에 필요한 3가지 구성요소를 서술하시오.

> **정답** ① 연구실의 체계적인 위해성평가 능력 확보
> ② 취급 생물체에 적합한 물리적 밀폐 확보
> ③ 적절한 생물안전관리 및 운영을 위한 방안 확보 및 이행

PART 04

03 생물보안의 정의를 서술하시오.

> **정답** 감염병의 전파, 격리가 필요한 유해 동물, 외래종이나 유전자변형생물체의 유입 등에 의한 위해를 최소화하기 위한 일련의 선제적 조치 및 대책을 말한다.

> **참고** **생물보안의 요소**
> 물리적 보안, 기계적 보안, 인적 보안, 정보 보안, 물질통제 보안, 이동 보안, 프로그램 관리 등의 보안 요소

04 「유전자재조합실험지침」에 따른 물리적 밀폐에 대해 서술하시오.

> **정답** 실험의 생물안전 확보를 위한 연구시설의 공학적, 기술적 설치 및 관리·운영을 말한다.

> **참고** 유전자재조합실험지침 제6조(물리적 밀폐)

05 「유전자재조합실험지침」에 따른 생물학적 밀폐에 대해 서술하시오.

> **정답** 유전자변형생물체의 환경 내 전파·확산 방지 및 실험의 안전 확보를 위하여 특수한 배양조건 이외에는 생존하기 어려운 숙주와 실험용 숙주 이외의 생물체로는 전달성이 매우 낮은 벡터를 조합시킨 숙주-벡터계를 이용하는 조치

> **참고** 유전자재조합실험지침 제7조(생물학적 밀폐)

06 「유전자재조합실험지침」에 따른 생물체의 4가지 위험군을 서술하시오.

_____

_____

_____

[정답] ① **제1위험군** : 건강한 성인에게는 질병을 일으키지 않는 것으로 알려진 생물체
② **제2위험군** : 사람에게 감염되었을 경우 증세가 심각하지 않고, 예방 또는 치료가 비교적 용이한 질병을 일으킬 수 있는 생물체
③ **제3위험군** : 사람에게 감염되었을 경우 증세가 심각하거나 치명적일 수도 있으나, 예방 또는 치료가 가능한 질병을 일으킬 수 있는 생물체
④ **제4위험군** : 사람에게 감염되었을 경우 증세가 매우 심각하거나 치명적이며, 예방 또는 치료가 어려운 질병을 일으킬 수 있는 생물체

[참고] 유전자재조합실험지침 제5조(생물체의 위험군 분류)

07 생물체의 위험군 분류 시 주요 고려사항을 3가지 이상 서술하시오.

_____

_____

_____

[정답] ① 해당 생물체의 병원성
② 해당 생물체의 전파방식 및 숙주범위
③ 해당 생물체로 인한 질병에 대한 효과적인 예방 및 치료 조치
④ 인체에 대한 감염량 등 기타 요인

[참고] 유전자재조합실험지침 제5조(생물체의 위험군 분류)

PART 04

08 「감염병의 예방 및 관리에 관한 법률」에 따른 고위험병원체의 정의를 서술하시오.

> **정답** 생물테러의 목적으로 이용되거나 사고 등에 의하여 외부에 유출될 경우 국민 건강에 심각한 위험을 초래할 수 있는 감염병 병원체

> **참고** 감염병예방법 제2조(정의)

09 「유전자변형생물체의 국가간 이동 등에 관한 법률 시행령」과 통합고시에서 유전자변형생물체 취급 연구시설을 취급 생물체 및 실험 특성에 따라 7가지로 구분한다. 7가지 시설 종류를 서술하시오.

> **정답** ① 일반 연구시설
> ② 대량배양 연구시설
> ③ 동물이용 연구시설
> ④ 식물이용 연구시설
> ⑤ 곤충이용 연구시설
> ⑥ 어류이용 연구시설
> ⑦ 격리포장 시설

> **참고** 유전자변형생물체법 시행령 제23조(연구시설의 설치·운영허가 및 신고), 통합고시 제9-2조

10 「유전자변형생물체의 국가간 이동 등에 관한 법률」에 따른 유전자변형생물체 안전관리계획에 포함되어야 할 사항을 3개 이상 서술하시오.

정답 ① 유전자변형생물체의 수출입 등에 따른 안전관리의 기본방침에 관한 사항
② 유전자변형생물체를 취급하는 시설 및 작업 종사자의 안전에 관한 사항
③ 유전자변형생물체에 관한 기술 개발 및 지원에 관한 사항
④ 그 밖에 유전자변형생물체의 안전관리와 관련한 중요 사항

참고 유전자변형생물체법 제7조(유전자변형생물체 안전관리계획의 수립·시행)

11 「유전자재조합실험지침」에 따른 기관생물안전위원회의 업무를 3가지 이상 서술하시오.

정답 ① 유전자재조합실험의 위해성평가 심사 및 승인에 관한 사항
② 생물안전 교육·훈련 및 건강관리에 관한 사항
③ 생물안전관리규정의 제·개정에 관한 사항
④ 기타 기관 내 생물안전 확보에 관한 사항

참고 유전자재조합실험지침 제20조(기관생물안전위원회)

12 「유전자재조합실험지침」에 따른 시험·연구책임자의 임무를 3가지 이상 서술하시오.

정답 ① 해당 유전자재조합실험의 위해성평가
② 해당 유전자재조합실험의 관리·감독
③ 시험·연구종사자에 대한 생물안전 교육·훈련
④ 유전자변형생물체의 취급관리에 관한 사항의 준수
⑤ 기타 해당 유전자재조합실험의 생물안전 확보에 관한 사항

참고 유전자재조합실험지침 제22조(시험·연구책임자)

13 「유전자변형생물체의 국가간 이동 등에 관한 통합고시」에 따라 생물안전관리책임자를 보좌하고 관련 행정 및 실무를 담당하는 생물안전관리자의 역할을 3가지 이상 서술하시오.

정답 ① 기관생물안전위원회 운영에 관한 사항
② 기관 내 생물안전 준수사항 이행 감독에 관한 사항
③ 기관 내 생물안전 교육·훈련 이행에 관한 사항
④ 실험실 생물안전 사고 조사 및 보고에 관한 사항
⑤ 생물안전에 관한 국내·외 정보수집 및 제공에 관한 사항
⑥ 기타 기관 내 생물안전 확보에 관한 사항

참고 **유전자변형생물체의 국가간 이동 등에 관한 통합고시 제9-9조(연구시설의 안전관리 등)**
생물안전관리책임자는 위 6개 사항에 '기관 생물안전관리자 지정에 관한 사항'을 포함한 7개 사항에 관하여 기관의 장을 보좌한다.

14 「유전자재조합실험지침」에 따른 시험·연구종사자가 준수해야 할 사항을 3가지 이상 서술하시오.

정답 ① 생물안전 교육·훈련 이수
② 생물안전관리규정 준수
③ 자기 건강에 이상을 느낀 경우, 또는 중증 혹은 장기간의 병에 걸린 경우 시험·연구책임자 또는 시험·연구기관장에게 보고
④ 기타 해당 유전자재조합실험의 위해성에 따른 생물안전 준수사항의 이행

참고 유전자재조합실험지침 제23조(시험·연구종사자)

15 「감염병의 예방 및 관리에 관한 법률」 및 고시에 따라 기관의 장을 보좌하는 고위험병원체 전담관리자의 역할을 3가지 이상 서술하시오.

정답 ① 법률에 의거한 고위험병원체 반입허가 및 인수, 분리, 이동, 보존 현황 등 신고절차 이행
② 고위험병원체 취급 및 보존지역 지정, 지정구역 내 출입 허가 및 제한 조치
③ 고위험병원체 취급 및 보존 장비의 보안관리
④ 고위험병원체 관리대장 및 사용내역 대장 기록 사항에 대한 확인
⑤ 사고에 대한 응급조치 및 비상대처방안 마련
⑥ 안전교육 및 안전 점검 등 고위험병원체 안전관리에 필요한 사항

참고 고위험병원체 취급시설 및 안전관리에 관한 고시 제9조(고위험병원체 취급시설의 안전관리 등)

16 「폐기물관리법 시행규칙」에 따른 의료폐기물 전용용기의 표시사항을 3개 이상 서술하시오.

정답 ① 배출자
② 종류 및 성질과 상태
③ 사용개시 연월일
④ 수거 연월일
⑤ 수거자
⑥ 중량

참고 폐기물관리법 시행규칙 별표 5(폐기물의 처리에 관한 구체적 기준 및 방법)

17 소독제 선정 시 고려사항을 3가지 이상 서술하시오.

정답 ① 병원체의 성상 확인, 통상적인 경우 광범위 소독제를 선정
② 피소독물에 최소한의 손상을 입히면서 가장 효과적인 소독제를 선정
③ 소독방법(훈증, 침지, 살포 및 분무)을 고려
④ 오염의 정도에 따라 소독액의 농도 및 적용시간을 조정
⑤ 피소독물에의 침투가능 여부 고려
⑥ 소독액의 사용온도 및 습도 고려
⑦ 소독약은 단일약제로 사용하는 것이 효과적

18 소독제에 대한 미생물의 저항성에 대해 서술하시오.

정답 ① 소독제에 대한 미생물의 저항성은 미생물의 종류에 따라 다양하다.
② 세균 아포가 가장 강력한 내성을 보이며, 지질 바이러스가 가장 쉽게 파괴된다.
③ 영양형 세균, 진균, 지질 바이러스 등은 낮은 수준의 소독제에도 쉽게 사멸되며, 결핵균이나 세균의 아포는 높은 수준의 소독제에 장기간 노출되어야 사멸이 가능하다.

19 멸균 시 주의사항을 3가지 이상 서술하시오.

정답 ① 멸균 전에 반드시 모든 재사용 물품을 철저히 세척해야 한다.
② 멸균할 물품은 완전히 건조시켜야 한다.
③ 물품 포장지는 멸균제가 침투 및 제거가 용이해야 하며, 저장 시 미생물이나 먼지, 습기에 저항력이 있고, 유독성이 없어야 한다.
④ 멸균물품은 탱크 내 용적의 60~70%만 채우며, 가능한 같은 재료들을 함께 멸균해야 한다.

참고 **멸균의 종류** : 습식멸균, 건열멸균, 플라스마 및 가스멸균

PART 04

20 주사기 바늘 찔림 및 날카로운 물건에 베이는 사고를 예방하기 위한 대책을 3가지 이상 서술하시오.

정답 ① 주사기나 날카로운 물건 사용을 최소화한다.
② 여러 개의 날카로운 기구를 사용할 때는 트레이 위의 공간을 분리하고, 기구의 날카로운 방향은 조작자의 반대 방향으로 향하게 한다.
③ 주사기 사용 시 다른 사람에게 주의를 시키고, 일정 거리를 유지한다.
④ 가능한 한 주사기에 캡을 다시 씌우지 않도록 하며, 캡이 바늘에 자동으로 씌워지는 제품을 사용한다.
⑤ 손상성 폐기물 전용용기에 폐기하고, 손상성 의료폐기물 용기는 70% 이상 차지 않도록 한다.
⑥ 주사기를 재사용해서는 안 되며, 주사기 바늘을 손으로 접촉하지 않고 폐기할 수 있는 수거 장치를 사용한다.

21 실험동물에 물렸을 경우(동물 교상)의 응급처치에 대해 서술하시오.

정답 ① 실험동물에게 물리면 우선 상처부위를 압박하여 약간의 피를 짜낸 다음, 70% 알코올 및 기타 소독제(Povidone-iodine 등)를 이용하여 소독한다.
② 래트(Rat)에 물린 경우에는 서교증(Rat bite fever) 등을 조기에 예방하기 위해 고초균(Bacillus subtilis)에 효력이 있는 항생제를 투여한다.
③ 고양이에 물리거나 할퀴었을 때는 원인 불명의 피부질환이 발생할 우려가 있으므로, 즉시 70% 알코올 또는 기타 소독제(Povidone-iodine 등)를 이용하여 소독한다.
④ 개에 물린 경우에는 70% 알코올 또는 기타 소독제(Povidone-iodine 등)를 이용하여 소독한 후, 동물의 광견병 예방접종 여부를 확인한다.
⑤ 광견병 예방접종 여부가 불확실한 개의 경우에는 시설관리자에게 광견병 항독소를 일단 투여한 후, 개를 15일간 관찰하여 광견병 증상을 나타내는 경우 개는 안락사시키며, 사육관리자 등 관련 출입인원에 대해 광견병 백신을 추가로 투여한다.

연구실 전기·소방 안전관리

단답형 적중예상문제

01 「산업안전보건 기준에 관한 규칙」에서 일반 작업장에 전기위험 방지 조치를 취하지 않아도 되는 전압은 몇 V 이하인지 쓰시오.

정답 30V

참고 산업안전보건기준에 관한 규칙 제324조(적용 제외)

02 〈보기〉를 통전경로별 위험도가 높은 것부터 순서대로 나열하시오.

〈보기〉
ㄱ. 오른손−가슴　　ㄴ. 왼손−가슴　　ㄷ. 왼손−등 ㄹ. 양손−양발　　ㅁ. 오른손−등　　ㅂ. 왼손−오른손

정답 ㄴ−ㄱ−ㄹ−ㄷ−ㅂ−ㅁ

참고 **인체의 통전경로 위험도**

통전경로	위험도	통전경로	위험도
왼손 – 가슴	1.5	한손 또는 양손 – 앉아 있는 자리	0.7
오른손 – 가슴	1.3	왼손 – 등	0.7
왼손 – 한발 또는 양발	1.0	왼손 – 오른손	0.4
양손 – 양발	1.0	오른손 – 등	0.3
오른손 – 한발 또는 양발	0.8		

03 연구활동종사자가 100V의 회로를 젖은 손으로 만진 후 사망하였다. 인체에 흐른 전류(mA)와 심실세동을 일으킨 시간(초)은 얼마인지 구하시오. (단, 인체저항은 5,000Ω이며, Gilbert와 Dalziel의 이론에 따라 계산)

정답 ① 전류 : 500mA ② 시간 : 0.1089초

해설
① 전류(I) $= \dfrac{V}{R} = \dfrac{200}{100} = 0.5(A) = 500(mA)$

여기서, $V = 100(V)$, $R = 5000 \times \dfrac{1}{25} = 200(\Omega)$

② 시간(T) $= (\dfrac{165}{I})^2 = (\dfrac{165}{500})^2 = 0.1089(초)$

04 연구실 전기누전으로 인한 누전화재의 3요소를 쓰시오.

①   ②   ③

정답 ① 출화점 ② 접지점 ③ 누전점

05 다음은 누전차단기 작동 조건에 관한 내용이다. (   ) 안에 들어갈 숫자를 쓰시오.

누전차단기와 접속되어 있는 각각의 전기기기에 대하여 정격 감도전류는 (①)mA 이하, 동작시간은 (②)초 이내로 한다.

①   ②

정답 ① 30 ② 0.03

참고 산업안전보건기준에 관한 규칙 제304조(누전차단기에 의한 감전방지)

06 정전기에 대전된 두 물체에 사이의 극간 정전용량이 10μF이고, 주변에 최소착화에너지가 0.2mJ인 폭발한계에 도달한 메탄가스가 있다면 착화한계 전압(V)을 구하시오.

 6.325V

 $E = \dfrac{1}{2}CV^2$

여기서, E : 최소착화에너지, C : 정전용량, V : 착화한계전압

$V = \sqrt{\dfrac{2E}{C}} = \sqrt{\dfrac{2 \times 0.2 \times 10^{-3}J}{10 \times 10^{-6}F}} = 6.325$

07 다음은 정전기 방전의 형태이다. (   ) 안에 들어갈 말을 쓰시오.

종류	설명
(①)	전선 간에 가해지는 전압이 어떤 값 이상으로 되면 전선 주위의 전장이 강하게 되어 전선 표면의 공기가 국부적으로 절연이 파괴가 되어 빛과 소리를 내는 현황
(②)	코로나 방전이 보다 진전하여 수지상 발광과 펄스상의 파괴음을 수반하는 나뭇가지 모양의 방전
(③)	대전체 또는 접지체의 형태가 비교적 평활하고 그 간격이 작은 경우, 그 공간에서 발생하는 강한 발광과 파괴음을 가진 방전
(④)	절연체 표면의 전계강도가 큰 경우 고체 표면을 따라서 진행하는 방전

① _____   ② _____   ③ _____   ④ _____

 ① 코로나 방전   ② 브러시 방전   ③ 불꽃 방전   ④ 연면 방전

08 다음은 정전기 대전의 종류에 대한 설명이다. (　　) 안에 들어갈 말을 쓰시오.

종류	설명
(　①　)	두 물체의 마찰에 의한 접촉 위치의 이동으로 접촉과 분리의 과정을 거쳐 전하의 분리 및 재배열에 의한 정전기가 발생하는 현상
(　②　)	액체류가 배관 등을 흐르면서 고체와의 접촉으로 정전기가 발생하는 현상
(　③　)	입자와 고체와의 충돌에 의해 빠른 접촉 분리가 일어나면서 정전기가 발생하는 현상
(　④　)	기체, 액체, 분체류가 작은 구멍으로 분출될 때 물질의 분자 충돌로 정전기가 발생하는 현상
(　⑤　)	서로 밀착해 있는 물체가 분리될 때 전하분리가 일어나서 정전기가 발생하는 현상

①＿＿＿＿＿＿＿＿　②＿＿＿＿＿＿＿＿　③＿＿＿＿＿＿＿＿

④＿＿＿＿＿＿＿＿　⑤＿＿＿＿＿＿＿＿

정답 ① 마찰대전　② 유동대전　③ 충돌대전　④ 분출대전　⑤ 박리대전

09 다음은 화재의 성장곡선이다. (　　) 안에 들어갈 말을 쓰시오.

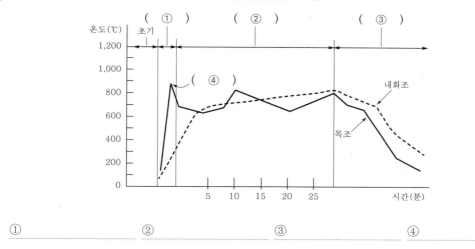

①＿＿＿＿＿＿＿＿　②＿＿＿＿＿＿＿＿　③＿＿＿＿＿＿＿＿　④＿＿＿＿＿＿＿＿

정답 ① 성장기　② 최성기　③ 감쇠기(감퇴기)　④ 플래시오버(Flash Over)

10 연소의 3요소를 쓰시오.

①＿＿＿＿＿＿＿＿＿＿＿＿＿＿ ②＿＿＿＿＿＿＿＿＿＿＿＿＿＿ ③＿＿＿＿＿＿＿＿＿＿＿＿＿＿

> **정답** ① 가연물 ② 산소공급원 ③ 점화원
>
> **참고** **연소의 4요소** : 3요소 + 연쇄반응

11 다음은 점화원 구분에 대한 종류이다. ( ) 안에 들어갈 말을 쓰시오.

구분	종류
(①) 점화원	마찰열, 기계적 스파크, 단열압축
(②) 점화원	합선(단락), 누전, 반단선, 불완전접촉(접속)
(③) 점화원	반응열, 자연발화

①＿＿＿＿＿＿＿＿＿＿＿＿＿＿ ②＿＿＿＿＿＿＿＿＿＿＿＿＿＿ ③＿＿＿＿＿＿＿＿＿＿＿＿＿＿

> **정답** ① 물리적 ② 전기적 ③ 화학적

12 다음 물질의 인화점 및 연소범위(폭발범위)를 쓰시오.

> ① 디에틸에테르($C_2H_5OC_2H_5$)
> ② 이황화탄소(CS_2)

①＿＿＿＿＿＿＿＿＿＿＿＿＿＿ ②＿＿＿＿＿＿＿＿＿＿＿＿＿＿

> **정답** ① 디에틸에테르 : −45℃, 1.9~48% ② 이황화탄소 : −30℃, 1.2~44%
>
> **참고** **연소범위(폭발범위)** : 연소하한계 ~ 연소상한계

13 다음은 실내화재의 현상에 대한 설명이다. (　　) 안에 들어갈 말을 쓰시오.

현상	설명
(　①　)	온도나 산소 부족으로 인해 가연물들이 가연성 기체에 착화되지 못하는 상태
(　②　)	건축물의 실내에서 화재가 발생하였을 때 발화로부터 화재가 서서히 진행하다가 어느 정도 시간이 경과함에 따라 대류와 복사 현상에 의해 일정 공간 안에 열과 가연성가스가 축적되고, 발화온도에 이르게 되어 일순간에 폭발적으로 전체가 화염에 휩싸이는 화재 현상
(　③　)	건축물의 실내에서 화재 발생 시 산소 공급이 원활하지 않아 불완전연소인 (　①　) 상태가 지속될 때, 외부에서 갑자기 유입된 신선한 공기로 인하여 강한 폭발로 이어지는 현상

① _____ ② _____ ③ _____

정답 ① 훈소　② 플래시오버(Flash Over)　③ 백드래프트(Back Draft)

14 다음은 소화의 종류와 설명이다. (　　) 안에 들어갈 말을 쓰시오.

종류	설명
(　①　)	가연물 등을 제거해서 소화하는 방법을 말하는 것으로, 연소반응을 하는 연소물이나 화원을 제거하여 연소 반응을 중지시키는 소화방법
(　②　)	가연물이 연소하기 위해서 반드시 산소가 필요하므로 공기 중 산소 공급을 차단하여 연소를 중지시키는 소화방법
(　③　)	연소물을 냉각하면 착화 온도 이하가 되어서 연소할 수 없도록 하는 소화방법
(　④　)	주로 화염이 발생하는 연소반응을 주도하는 라디컬(Radical)을 제거하여 연소반응을 중단시키는 소화방법

① _____ ② _____ ③ _____ ④ _____

정답 ① 제거소화　② 질식소화　③ 냉각소화　④ 억제소화(부촉매소화)

PART 05

15 다음은 화재의 분류에 따른 가연물의 종류이다. (   ) 안에 들어갈 말을 쓰시오..

분류	가연물의 종류
일반화재 (A급 화재)	면직물, 목재 및 가공물
(①) (B급 화재)	휘발유, 시너, 알코올
(②) (C급 화재)	전기
(③) (D급 화재)	칼륨, 나트륨
(④) (⑤)	식용유

①_____   ②_____   ③_____

④_____   ⑤_____

정답 ① 유류화재   ② 전기화재   ③ 금속화재   ④ 주방화재   ⑤ K급 화재

16 다음은 「소화기구 및 자동소화장치의 화재안전기준」에 따른 소화기의 적응 화재별 표시방법이다. (   ) 안에 들어갈 알파벳 기호를 쓰시오.

- 유류화재에 대한 소화기의 적응 화재별 표시는 (①)(으)로 표시한다.
- 전기화재에 대한 소화기의 적응 화재별 표시는 (②)(으)로 표시한다.
- 주방에서 동식물유류를 취급하는 조리기구에서 일어나는 화재에 대한 소화기의 적응 화재별 표시는 (③)(으)로 표시한다.

①_____   ②_____   ③_____

정답 ① B   ② C   ③ K

참고 소화기구 및 자동소화장치의 화재안전기준 제3조(정의)

17 다음은 소화약제의 종류이다. (　　) 안에 들어갈 소화약제를 〈보기〉에서 찾아 쓰시오.

종류	설명
(①)	물은 침투성이 있고 적외선을 흡수하며, 쉽게 구할 수 있기 때문에 주로 A급 화재 시 사용
(②)	소화 성능을 높이기 위해 물에 탄산칼륨(또는 인산암모늄) 등을 첨가하여 약 −30℃~ −20℃에서도 동결되지 않기 때문에 한랭지역 화재 시 사용
(③)	약 90% 이상의 물과 계면활성제 등의 혼합물에서 다시 공기를 혼합하여 포(거품)를 일으켜 발포
(④)	상온에서 기체 상태로 존재하는 불활성 가스로, 질식성을 갖고 있기 때문에 가연물의 연소에 필요한 산소 공급을 차단
(⑤)	지방족 탄화수소인 메탄, 알코올 등의 분자에 포함된 수소원자의 일부 또는 전부를 할로겐원소(F, Cl, Br, I 등)로 치환한 화합물 중 소화약제로서 사용이 가능한 것을 총칭
(⑥)	할로겐화합물 및 불활성기체로서 비전도성이며, 휘발성이 있거나 증발 후 잔여물이 없는 소화약제
(⑦)	질식, 부촉매 등 소화 효과를 가지는 소화약제

〈보기〉

ㄱ. 할론(Halon)　　　　ㄴ. 포 소화약제　　　　ㄷ. 물 소화약제
ㄹ. 분말 소화약제　　　　ㅁ. 강화액 소화약제　　　　ㅂ. 이산화탄소 소화약제
ㅅ. 할로겐화합물 및 불활성기체 소화약제

① _____　② _____　③ _____　④ _____

⑤ _____　⑥ _____　⑦ _____

정답 ① ㄷ　② ㅁ　③ ㄴ　④ ㅂ　⑤ ㄱ　⑥ ㅅ　⑦ ㄹ

18 다음은 화재 종류별 소화 방법이다. ( ) 안에 들어갈 적응 소화약제를 쓰시오.

종류	A급 화재	B급 화재	C급 화재	D급 화재
명칭	일반화재	유류화재	전기화재	금속화재
가연물	목재, 종이, 섬유	유류, 가스	전기	Mg분, Al분
주된 소화 효과	냉각 효과	질식 효과	질식, 냉각 효과	질식 효과
적응 소화약제	• 물 소화약제 • 강화액 소화약제	• 포 소화약제 • CO_2 소화약제 • 분말 소화약제 • 증발성 액체 소화약제	( )	• 건조사 • 팽창 질석 • 팽창 진주암
구분색	백색	황색	청색	

정답 유기성 소화약제, CO_2 소화약제, 분말 소화약제

참고 소화기구 및 자동소화장치의 화재안전기준 별표 1(소화기구의 소화약제별 적응성)

19 다음은 분말소화기의 종류이다. ( ) 안에 들어갈 분말소화약제의 구성 성분을 〈보기〉에서 찾아 쓰시오.

종류	구성 성분	적응화재
제1종 분말소화기	(①)	B(유류화재), C(전기화재)
제2종 분말소화기	(②)	B(유류화재), C(전기화재)
제3종 분말소화기	(③)	A(일반화재), B(유류화재), C(전기화재)
제4종 분말소화기	(④)	B(유류화재), C(전기화재)

〈보기〉

ㄱ. 인산암모늄   ㄴ. 탄산수소나트륨
ㄷ. 탄산수소칼륨   ㄹ. 탄산수소칼륨과 요소

①   ②   ③   ④

정답 ① ㄴ ② ㄷ ③ ㄱ ④ ㄹ

20 「위험물안전관리법 시행규칙」에 따른 혼재 가능한 위험물에 "○"를, 그렇지 않은 위험물에 "×"를 표시하시오. (단, 이 표는 지정수량의 1/10 이하의 위험물에 대하여는 적용하지 아니한다.)

위험물의 구분	제1류	제2류	제3류	제4류	제5류	제6류
제1류						
제2류						
제3류						
제4류						
제5류						
제6류						

정답

위험물의 구분	제1류	제2류	제3류	제4류	제5류	제6류
제1류		×	×	×	×	○
제2류	×		×	○	○	×
제3류	×	×		○	×	×
제4류	×	○	○		○	×
제5류	×	○	×	○		×
제6류	○	×	×	×	×	

참고 위험물안전관리법 시행규칙 별표 19 부표 2(유별을 달리하는 위험물의 혼재 기준)

21 다음은 「옥내소화전설비의 화재안전기준」에 따른 옥내소화전방수구의 설치 기준이다. (　　) 안에 들어갈 숫자를 쓰시오.

- 특정소방대상물의 층마다 설치하되, 해당 특정소방대상물의 각 부분으로부터 하나의 옥내소화전방수구까지의 수평거리가 (　①　)m 이하가 되도록 할 것
- 바닥으로부터의 높이가 (　②　)m 이하가 되도록 할 것
- 호스는 구경 (　③　)mm[호스릴옥내소화전설비의 경우에는 (　④　)mm] 이상인 것으로서, 특정소방대상물의 각 부분에 물이 유효하게 뿌려질 수 있는 길이로 설치할 것
- 호스릴옥내소화전설비의 경우 그 노즐에는 노즐을 쉽게 개폐할 수 있는 장치를 부착할 것

① _____　② _____　③ _____　④ _____

정답 ① 25　② 1.5　③ 40　④ 25

참고 옥내소화전설비의 화재안전기준 제7조(함 및 방수구 등)

22 다음은 「화재예방, 소방시설 설치 유지 및 안전관리에 관한 법률 시행령」에 따른 소방시설의 종류이다. ( ) 안에 들어갈 말을 쓰시오.

설비	설명 및 종류
(①)	물 또는 그 밖의 소화약제를 사용하여 소화하는 기계·기구 또는 설비 • 소화기구(소화기, 간이소화용구, 자동확산소화기), 자동소화장치, 옥내소화전설비, 스프링클러설비등, 물분무등소화설비, 옥외소화전설비
(②)	화재발생 사실을 통보하는 기계·기구 또는 설비 • 단독경보형 감지기, 비상경보설비, 시각경보기, 자동화재탐지설비, 비상방송설비, 자동화재속보설비, 통합감시시설, 누전경보기, 가스누설경보기
(③)	화재가 발생할 경우 피난하기 위하여 사용하는 기구 또는 설비 • 피난기구(피난사다리, 구조대, 완강기, 미끄럼대, 피난교, 피난용트랩, 간이완강기, 공기안전매트, 다수인 피난장비, 승강식피난기 등), 인명구조기구, 유도등, 비상조명등 및 휴대용비상조명등
(④)	화재를 진압하는 데 필요한 물을 공급하거나 저장하는 설비 • 상수도소화용수설비, 소화수조·저수조, 그 밖의 소화용수설비
(⑤)	화재를 진압하거나 인명구조활동을 위하여 사용하는 설비 • 제연설비, 연결송수관설비, 연결살수설비, 비상콘센트설비, 무선통신보조설비, 연소방지설비

① _____   ② _____   ③ _____

④ _____   ⑤ _____

정답 ① 소화설비   ② 경보설비   ③ 피난구조설비   ④ 소화용수설비   ⑤ 소화활동설비

참고 화재예방, 소방시설 설치·유지 및 안전관리에 관한 법률(약칭 : 소방시설법) 시행령 별표 1(소방시설)

23 다음은 피난기구에 대한 설명이다. ( ) 안에 들어갈 말을 쓰시오.

종류	설명
(①)	포지 등을 사용하여 자루 형태로 만든 것으로서, 화재 시 사용자가 그 내부에 들어가서 내려옴으로써 대피할 수 있는 기구
(②)	사용자의 몸무게에 따라 자동적으로 내려올 수 있는 기구 중 사용자가 교대하여 연속적으로 사용할 수 있는 것
(③)	(②) 중 사용자가 교대하여 연속적으로 사용할 수 없는 것

① _____   ② _____   ③ _____

정답 ① 구조대   ② 완강기   ③ 간이완강기

참고 피난기구의 화재안전기준 제3조(정의)

24 다음은 자동화재탐지설비의 구성요소 중 감지기의 종류에 대한 설명이다. (   ) 안에 들어갈 말을 쓰시오.

종류	설명
(①)	주위 온도가 일정 상승률 이상이 되는 경우에 적동하는 것으로서, 일국소에서의 열효과에 의하여 작동되는 감지기
(②)	일국소의 주위 온도가 일정한 온도 이상이 되는 경우에 작동하는 감지기
(③)	일국소의 주위 온도가 일정 상승률 이상이 되는 경우와 일정한 온도 이상이 되는 경우에 작동하는 감지기

①   ②   ③

정답 ① 차동식 스포트형감지기   ② 정온식 스포트형감지기   ③ 보상식 스포트형감지기

25 〈보기〉의 완강기 사용 방법을 순서대로 나열하시오.

〈보기〉

ㄱ. 완강기 후크를 고리에 걸고 지지대와 연결 후 나사를 조인다.

ㄴ. 벨트를 머리에서부터 뒤집어쓰고 뒤틀림이 없도록 겨드랑이 밑으로 건다.

ㄷ. 지지대를 벽면에 부착한다.

ㄹ. 고정 링을 조절해 벨트를 가슴에 확실히 조인다.

ㅁ. 로프 릴(줄)을 창밖의 내려갈 곳으로 던진다.

ㅂ. 안쪽에 있던 지지대를 창밖으로 향하게 한다.

ㅅ. 두 손으로 조절기 바로 밑의 로프 두 개를 잡는다.

ㅇ. 발부터 창밖으로 내밀어 탈출한다.

ㅈ. 두 손을 건물 외벽을 향해 뻗치고 두 발을 뻗어 내려간다.

정답 ㄷ - ㄱ - ㅁ - ㄴ - ㄹ - ㅂ - ㅅ - ㅇ - ㅈ

PART 05

서술형 적중예상문제

01 누전차단기를 설치해야 하는 기계·기구에 대해서 3가지 이상 서술하시오.

> **정답** ① 대지전압이 150V를 초과하는 이동형 또는 휴대형 전기기계·기구
> ② 물 등 도전성이 높은 액체가 있는 습윤장소에 사용하는 저압(750V 이하 직류전압이나 600V 이하의 교류전압)용 전기기계·기구
> ③ 철판·철골 위 등 도전성이 높은 장소에서 사용하는 이동형 또는 휴대형 전기기계·기구
> ④ 임시배선의 전로가 설치되는 장소에서 사용하는 이동형 또는 휴대형 전기기계·기구

> **참고** 산업안전보건기준에 관한 규칙 제304조(누전차단기에 의한 감전방지)

02 전기설비에 접지를 하는 목적 3가지를 서술하시오.

> **정답** ① 누전되고 있는 기기에 접촉되었을 때 감전 방지
> ② 낙뢰로부터 전기기기의 손상 방지
> ③ 지락사고 시 보호계전기 신속 동작 등

03 220V 전압에 접촉된 사람의 인체저항을 1,000Ω이라고 할 때, 인체의 통전 전류 구하고, 심실세동 전류와 비교하시오. (단, 통전경로상의 기타 저항은 무시하며, 통전시간은 1초로 함)

정답 ① 통전 전류 : 220mA
② 심실세동 전류 : 165mA
③ 통전 전류가 심실세동 전류보다 크므로 위험하다.

해설 ① 통전 전류 $I(mA) = \dfrac{V(V)}{R(\Omega)} \times 1000 = \dfrac{220V}{1000\,\Omega} \times 1000 = 220mA$

② 심실세동 전류 $I(mA) = \dfrac{165}{\sqrt{T}} = \dfrac{165}{\sqrt{1}} = 165mA$

여기서, I : 전류, V : 전압, R : 저항, T : 통전시간

③ 통전 전류 $220mA$ > 심실세동 전류 $165mA$

04 정전기 예방대책을 3가지 이상 서술하시오.

정답 ① 접지
② 가습
③ 도전성 재료 사용
④ 대전방지제 사용
⑤ 제전기 사용

05 「산업안전보건기준에 관한 규칙」에 따른 충전부 방호 조치를 3가지 이상 서술하시오.

06 다음 그림에 해당하는 접지시스템 시설의 방식에 대해 서술하시오.

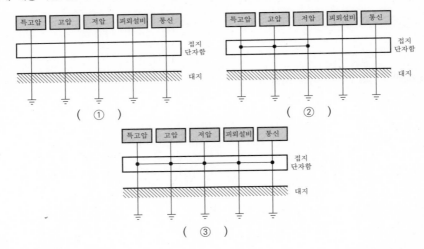

07 전기 방폭구조의 종류와 표시 방법(기호)을 서술하시오.

> **정답** ① 내압방폭구조 : d 　　　　　　　　　 ② 유입방폭구조 : o
> 　　　 ③ 압력방폭구조 : p 　　　　　　　　　 ④ 안전증방폭구조 : e
> 　　　 ⑤ 본질안전방폭구조 : ia 또는 ib 　　　 ⑥ 특수방폭구조 : s

08 전기 방폭구조를 위험장소로 구분하여 서술하시오.

> **정답** ① 0종 장소 : 본질안전방폭구조
> 　　　 ② 1종 장소 : 내압방폭구조, 압력방폭구조, 유입방폭구조
> 　　　 ③ 2종 장소 : 안전증방폭구조

09 제1류부터 제6류 위험물까지 유별에 따른 각각의 성질을 서술하시오.

> **정답** ① 제1류 위험물 : 산화성 고체 　　　　　　　　　 ② 제2류 위험물 : 가연성 고체
> 　　　 ③ 제3류 위험물 : 자연발화성 및 금수성 물질 　　 ④ 제4류 위험물 : 인화성 액체
> 　　　 ⑤ 제5류 위험물 : 자기반응성 물질 　　　　　　 ⑥ 제6류 위험물 : 산화성 액체

PART 05

10 제1류부터 제6류 위험물까지 유별에 따른 각각의 위험성을 서술하시오. (단, 제3류 위험물은 각 성질에 따라 위험성을 분류하여 적으시오.)

정답 ① **제1류 위험물** : 화기주의, 충격주의, 물기엄금, 가연물 접촉주의
② **제2류 위험물** : 화기주의, 물기엄금(철분, 금속분, 마그네슘)
③ **제3류 위험물** : • 자연발화성 물질 – 화기엄금 및 공기 접촉엄금
　　　　　　　　　 • 금수성 물질 – 물기엄금
④ **제4류 위험물** : 화기엄금
⑤ **제5류 위험물** : 화기엄금, 충격주의
⑥ **제6류 위험물** : 가연물 접촉주의

11 제2류 위험물인 가연성 고체에 대한 소화 방법을 서술하시오.

정답 ① 금속분을 제외하고 주수에 의한 냉각소화
② 금속분은 마른 모래(건조사)로 소화

12 제3류 위험물인 나트륨 및 인화칼슘의 물과의 반응식을 적고, 발생하는 가연성 또는 독성가스의 이름을 서술하시오.

정답 ① **나트륨 + 물** : $2Na + 2H_2O \rightarrow 2NaOH + H_2$, 수소($H_2$) 기체 발생
② **인화칼슘 + 물** : $Ca_3P_2 + 6H_2O \rightarrow 2PH_3 + 3Ca(OH)_2$, 포스핀($PH_3$) 기체 발생

13 연소의 형태를 기체, 액체, 고체의 연소로 구분하여 서술하시오.

정답 ① **기체의 연소** : 확산연소, 예혼합연소
② **액체의 연소** : 증발연소, 분무연소
③ **고체의 연소** : 분해연소, 증발연소, 표면연소, 자기연소

14 「화재예방, 소방시설 설치 유지 및 안전관리에 관한 법률 시행령」에 따른 소방시설 중 소화설비의 종류를 3가지 이상 서술하시오.

정답 ① 소화기구(소화기, 간이소화용구, 자동확산 소화기)
② 자동소화장치
③ 옥내소화전설비
④ 스프링클러설비등
⑤ 물분무등소화설비
⑥ 옥외소화전설비

참고 소방시설법 시행령 별표 1(소방시설)

PART 05

15 피난구조설비 중 피난기구를 3가지 이상 서술하시오.

정답 ① 피난사다리   ② 구조대
　　 ③ 완강기   ④ 미끄럼대
　　 ⑤ 피난교   ⑥ 피난용트랩
　　 ⑦ 간이완강기   ⑧ 공기안전매트
　　 ⑨ 다수인 피난장비   ⑩ 승강식피난기

참고 소방시설법 시행령 별표 1(소방시설)

16 자동화재탐지설비의 구성요소를 3가지 이상 서술하시오.

정답 ① 감지기   ② 발신기
　　 ③ 중계기   ④ 수신기
　　 ⑤ 경종   ⑥ 표시등
　　 ⑦ 시각경보기

PART 06

연구활동종사자
보건·위생관리

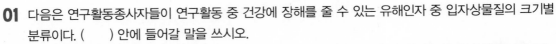

01 다음은 연구활동종사자들이 연구활동 중 건강에 장해를 줄 수 있는 유해인자 중 입자상물질의 크기별 분류이다. (   ) 안에 들어갈 말을 쓰시오.

분류	평균입경	특징
(①) 입자상물질	100μm	호흡기 어느 부위(비강, 인후두, 기관 등 호흡기의 기도부위)에 침착하더라도 독성을 유발하는 분진
(②) 입자상물질	10μm	가스교환부위, 기관지, 폐포 등에 침착하여 독성을 나타내는 분진
(③) 입자상물질	4μm	가스교환부위, 즉 폐포에 침착할 때 유해한 분진

①   ②   ③

정답 ① 흡입성   ② 흉곽성   ③ 호흡성

참고 **화학적 유해인자의 종류**
- 입자상물질 : 먼지, 흄, 미스트, 금속, 유기용제 등
- 가스상물질 : 가스, 증기 등

02 반복적이고 누적되는 특정한 일 또는 동작과 연관되어 신체 일부를 무리하게 사용하면서 나타나는 질환으로, 신경, 근육, 인대, 관절 등에 문제가 생겨 통증과 이상감각, 마비 등의 증상이 나타나는 질환들을 총칭하여 말하는 것을 쓰시오.

정답 근골격계질환

참고 근골격계질환은 외부의 스트레스에 의하여 오랜 시간을 두고 반복적인 작업이 누적되어 질병이 발생하기 때문에 누적 외상병 또는 누적손상장애라고 불리기도 하며, 반복성 작업에 기인하여 발생하므로 RTS(Repetitive Trauma Syndrome)로도 알려져 있다.

03 다음은 연구실 사전유해인자위험분석의 수행절차에 대한 설명이다. (　　) 안에 들어갈 말을 쓰시오.

수행절차	설명
(　①　)	• 연구실 소속기관명, 연구실 개요 등 8개의 항목을 필수적으로 기재 • 연구실 내 기계·기구설비 사양서, MSDS 등 참고 작성
(　②　)	• 실험·실습별 혹은 연구과제별로 구분하여 위험분석 실시
(　③　)	• 연구·실험 절차별로 구분 및 위험의 빈도와 강도를 고려하여 실시 • 도출된 위험분석 결과에 대해 위험 빈도와 강도가 감소될 수 있도록 안전조치 계획 수립 • 사고가 발생하는 경우를 대비하여 비상조치 계획을 통해 화재, 누출 등의 비상상황 발생 시 적절한 대응 방법 및 처리 절차를 매뉴얼화하고, 교육·훈련 등을 통해 대응 방법이 내재화되어 있어야 함.
보고 및 관리	• 결과보고서를 작성하고, 연구활동 전에 연구주체의 장에게 보고 • 보고서는 출입문 등 해당 연구실의 연구활동종사자가 쉽게 볼 수 있는 장소에 게시(보고서 보존기간은 연구종료일로부터 3년)

①   ②   ③

정답 ① 연구실 안전현황분석 ② 연구개발활동별 유해인자 위험분석 ③ 연구개발활동안전분석(R&SDA)

04 다음은 연구실사고의 구분에 대한 설명이다. (　　) 안에 들어갈 말을 쓰시오.

구분	설명
(　①　)	연구실사고 중 손해 또는 훼손의 정도가 심한 사고 • 사망 또는 후유장애 부상자가 1명 이상 발생한 사고 • 3개월 이상의 요양을 요하는 부상자가 동시에 2명 이상 발생한 사고 • 부상자 또는 질병에 걸린 사람이 동시에 5명 이상 발생한 사고 • 법에 따른 연구실의 중대한 결함으로 인한 사고(유해인자, 유해물질, 독성가스, 병원체, 전기설비 등의 균열·누수 또는 부식 등)
(　②　)	(　①　)을/를 제외한 일반적인 사고로 다음에 해당하는 사고 • 인적 피해 : 병원 등 의료기관 진료 시 • 물적 피해 : 1백만 원 이상의 재산 피해 시(취득가 기준)
(　③　)	인적 물적 피해가 매우 경미한 사고로, (　②　)에 포함되지 않는 사고

①   ②   ③

정답 ① 중대연구실 사고 ② 일반연구실 사고 ③ 단순연구실 사고

PART 06

05 다음은 연구실 주요구조부에 대한 설치·운영기준에 의한 연구실 위험도 구분이다. (   ) 안에 들어갈 말을 쓰시오.

구분	설명
(①)	연구개발활동 중 연구활동종사자의 건강에 위험을 초래할 수 있는 유해인자를 취급하는 연구실을 의미
(②)	연구개발활동 중 유해인자를 취급하지 않아 사고발생 위험성이 현저하게 낮은 연구실
(③)	(①), (②)에 해당하지 않는 연구실

①   ②   ③

정답 ① 고위험연구실   ② 저위험연구실   ③ 중위험연구실

06 다음은 연구실 위험도에 따른 주요 구조부의 설치기준이다. (   ) 안에 들어갈 숫자를 쓰시오.

- 공간분리 : 연구공간과 사무공간은 별도의 통로나 방호벽으로 구분
- 천장높이 : (①)m 이상 권장
- 벽 및 바닥 : 기밀성 있고 내구성이 좋으며, 청소가 쉬운 재질. 안전구획 표시
- 출입통로 : 비상대피표지(유도등, 비상구 등), (②)cm 이상의 적정 폭 확보
- 조명 : 일반연구실은 최소 (③)lux, 정밀작업 수행 연구실 최소 (④)lux 이상

①   ②   ③   ④

정답 ① 2.7   ② 90   ③ 300   ④ 600

07 다음의 〈보기〉 항목을 개인보호구의 착용 순서에 맞게 나열하시오.

〈보기〉			
ㄱ. 고글	ㄴ. 장갑	ㄷ. 실험복	ㄹ. 호흡보호구

정답 ㄷ - ㄹ - ㄱ - ㄴ

참고 착용은 실험복 – 호흡보호구 – 고글 – 장갑의 순으로, 탈의는 역순으로 진행한다.

08 다음의 〈보기〉 항목을 국소배기장치 설치 시 원칙상 순서에 맞게 나열하시오.

〈보기〉
ㄱ. 송풍기(배풍기)　　ㄴ. 공기정화장치　　ㄷ. 덕트　　ㄹ. 후드　　ㅁ. 배기구

정답 ㄹ-ㄷ-ㄴ-ㄱ-ㅁ

참고 후드 – 덕트 – 공기정화장치 – 송풍기(배풍기) 및 배기구 순으로 설치하는 것을 원칙으로 한다. 다만, 배풍기의 케이싱이나 임펠러가 유해물질에 의하여 부식, 마모, 폭발 등이 발행하지 아니한다고 인정되는 경우에는 배풍기의 설치 위치를 공기정화장치의 전단에 둘 수 있다.

09 다음은 후드의 형식 및 종류에 대한 설명이다. (　) 안에 들어갈 말을 쓰시오.

형식	설명
(　①　)	유해물질의 발생원을 전부 또는 부분적으로 포위하는 후드 **예** 포위형, 장갑부착상자형, 드래프트 챔버형, 건축부스형 등
(　②　)	유해물질의 발생원을 포위하지 않고 발생원 가까운 위치에 설치하는 후드 **예** 슬로트형, 그리드형, 푸시-풀형 등
(　③　)	유해물질이 발생원에서 상승기류, 관성기류 등 일정방향의 흐름을 가지고 발생할 때 설치하는 후드 **예** 그라인더 커버형, 캐노피형 등

①　　　　　　②　　　　　　③

정답 ① 포위식(부스식)　② 외부식　③ 레시버식

PART 06

10 다음은 후드의 방해기류 영향을 억제하는 장치에 대한 설명이다. (　　　) 안에 들어갈 말을 쓰시오.

구분	설명
(　①　)	• 후드 뒤쪽 공기의 흐름을 차단하여 제어효율을 증가시키기 위해 후드의 개구부에 부착하는 판 • 부착되지 않은 후드에 비해 제어거리가 길어진다. • 적은 환기량으로 오염된 공기를 동일하게 제거할 수 있다. • 장치 가동 비용이 절감된다.
(　②　)	• 후드 바로 뒤쪽에 위치하며, 후드유입 압력과 공기흐름을 균일하게 형성하는 데 필요한 장치 • 설치는 가능한 길게 한다.

① _____　　　　② _____

정답 ① 플랜지(Flange, 갓)　② 플래넘(Plenum, 충만실)

11 다음은 가스상물질의 처리방법에 대한 설명이다. (　　　) 안에 들어갈 말을 쓰시오.

처리방법	설명
(　①　)	• 가스 성분이 잘 용해될 수 있는 액체(흡수액)에 용해해 제거하는 방법
(　②　)	• 다공성 고체 표면에 가스상 오염물질이 부착되는 현상을 이용하여 처리하는 방법 • 산업현장에서 가장 널리 사용하는 처리기술이다. • 주로 유기용제와 악취물질 제거에 사용한다.
(　③　)	• 가연성 오염가스 및 악취물질을 연소시켜 제거하는 방법 • 가연성가스나 독성이 강한 유독가스에 널리 이용한다. • 종류 : 직접연소법(불꽃연소법), 직접가열산화법, 촉매산화법 등

① _____　② _____　③ _____

정답 ① 흡수법　② 흡착법　③ 연소법

참고 **가스상물질** : 가스, 증기 등

12 다음은 입자상물질의 처리에 사용되는 장치에 대한 설명이다. (   ) 안에 들어갈 말을 쓰시오.

구분	설명
중력집진장치	• 중력 이용하여 분진을 제거하는 것이다. • 구조가 간단, 압력손실 비교적 적어 설치 및 가동비가 저렴하다. • 미세분진에 대한 집진효율이 높지 않아 전처리로 이용한다.
관성력집진장치	• 관성을 이용하여 큰 입자를 분리·포집하는 것이다. • 원리가 간단, 후단의 미세입자 집진을 위한 전처리용으로 사용한다. • 비교적 큰 입자의 제거에 효율적이다. • 고온 공기 중의 입자상오염물질 제거가 가능하여 덕트 중간에 설치할 수 있다.
(①)	• 일명 사이클론이라고 한다. • 비교적 적은 비용으로 집진이 가능하다. • 입자의 크기가 크고 모양이 구체에 가까울수록 집진효율이 증가한다.
(②)	• 함진가스를 액적, 액막, 기포 등으로 세정하여 입자의 응집을 촉진하거나 입자를 부착하여 제거한다. • 가연성, 폭발성 분진, 수용성의 가스상 오염물질도 제거할 수 있다. • 유출수로 인해 수질오염을 일으킬 수 있다.
(③)	• 고효율 집진이 필요할 때 흔히 사용한다. • 직접차단, 관성충돌, 확산, 중력침강 및 정전기력 등이 복합적으로 작용하는 장치이다.
전기집진장치	• 전기적인 힘을 이용하여 오염물질을 포집하는 장치이다. • 고온가스를 처리할 수 있어 보일러와 철강로 등에 설치가 가능하다. • 압력손실이 낮으므로 송풍기의 가동 비용이 저렴하다. • 넓은 범위의 입경과 분진농도에 집진효율이 높다. • 설치 공간이 넓어야 해서 초기 설치비가 많이 들지만, 운전 및 유지비가 저렴하다. • 가연성 입자의 집진 시 처리가 곤란하다.

①   ②   ③
_____   _____   _____

정답 ① 원심력집진장치   ② 세정집진장치   ③ 여과집진장치

참고 • **비교적 큰 입자상물질의 처리** : 중력 또는 관성력집진장치, 원심력집진장치(사이클론), 세정집진장치
     • **미세한 입자상물질의 처리** : 여과집진장치, 전기집진장치

13 원심력 집진장치(사이클론)의 집진효율을 향상시키기 위한 하나의 방법으로, 더스트 박스 또는 호퍼부에서 처리가스의 5~10%를 흡인하여 선회기류의 교란을 방지하는 운전방식을 무엇이라 하는지 쓰시오.

정답 블로다운(Blow-down)

PART 06

14 다음은 송풍기의 종류에 대한 설명이다. ( ) 안에 들어갈 말을 쓰시오.

구분	종류	설명
측류식 송풍기	(①) 송풍기	• 효율(25~50%)은 낮으나, 설치비용이 저렴하여 전체환기에 적합하다.
	(②) 송풍기	• 모터를 덕트 외부에 부착시킬 수 있고, 날개의 마모, 오염의 경우 청소가 용이하다.
	(③) 송풍기	• 저풍압, 다풍량의 용도로 적합하며, 효율(25~50%)은 낮으나 설치비용이 저렴하다.
원심력식 송풍기	(④) 송풍기	• 송풍기의 임펠러가 다람쥐 쳇바퀴 모양이며, 깃이 회전 방향과 동일한 방향으로 설계된다. • 비교적 저속회전으로 소음이 적다. • 회전날개에 유해물질이 쌓이기 쉬워 청소가 곤란하다. • 효율이 35~50%로 낮으며, 큰 마력의 용도에는 사용되지 않는다.
	(⑤) 송풍기	• 송풍기의 깃이 회전 방향 반대편으로 경사지게 설계된다. • 장소의 제약을 받지 않고 사용할 수 있으나, 소음이 크다. • 고농도분진 함유 공기를 이송시킬 경우, 집진기 후단에 설치하여 사용해야 한다. • 효율은 60~70%로 원심력 송풍기 중 가장 좋으며, 압력손실의 변동이 있는 경우에 사용하기 적합하다. • 하향 구배 특성이기 때문에 풍압이 바뀌어도 변화가 적다.
	(⑥) 송풍기	• 송풍기의 깃이 평판이여서 분진을 자체 정화할 수 있게 되어 있다. • 마모나 오염되었을 때 취급 및 교환이 용이하다. • 깃의 구조가 분진을 자체 정화할 수 있게 되어 있다. • 효율은 40~55% 정도이다.

① _____ ② _____ ③ _____

④ _____ ⑤ _____ ⑥ _____

정답 ① 프로펠러 ② 튜브형 축류 ③ 베인형 축류 ④ 다익형(전향날개형) ⑤ 터보형(후향날개형) ⑥ 평판형(방사날개형)

참고 ㉠ **측류식 송풍기** • 흡입방향과 배출방향이 일직선으로 되어있고, 국소배기용보다는 비교적 작은 전체환기량으로 사용
ㄴ **원심력 송풍기** • 국소배기장치에 필요한 유량속도와 압력 특성에 적합하다.
　　　　　　　　　• 설치비가 저렴하고 소음이 비교적 작아서 많이 사용한다.
　　　　　　　　　• 흡입방향과 배출방향이 수직으로 되어 있다.

15 실내 연구실의 길이, 넓이, 높이가 각각 25m, 20m, 4m이고, 필요환기량(Q)이 100m³/min일 때, 1시간당 공기교환횟수(ACH)는 몇 회인지 쓰시오.

정답 3회

해설 1시간당 공기교환횟수(ACH) = $\dfrac{\text{필요환기량}(m^3/hr)}{\text{실험실용적}(m^3)}$ = $\dfrac{100 \times 60}{25 \times 20 \times 4}$ = 3(회)

서술형 적중예상문제

01 유해인자의 개선대책에 대하여 우선순위별로 서술하시오.

> **정답** ① **본질적 대책**
> - **대치(대체)** : 공정의 변경, 시설의 변경, 유해물질의 대치
> - **격리(밀폐)** : 저장물질의 격리, 시설의 격리, 공정의 격리, 작업자의 격리
> ② **공학적 대책** : 안전장치, 방호문, 국소배기장치 등
> ③ **관리적 대책** : 매뉴얼 작성, 출입 금지, 노출 관리, 교육훈련 등
> ④ **개인보호구의 사용** : ①, ②, ③의 조치를 취하더라도 제거·감소할 수 없으면 개인보호구 사용

02 직무스트레스의 요인 4가지를 서술하시오.

> **정답** ① **환경요인** : 경기침체, 정리해고 등 고용과 관련되어 느끼는 근로자의 위협
> ② **조직요인** : 조직구조나 분위기, 근로조건, 역할 갈등 및 모호성
> ③ **직무요인** : 근로시간, 유해하거나 쾌적하지 않은 작업환경
> ④ **인간적요인** : 상사, 동료, 부하 직원 등과의 관계에서 오는 갈등이나 불만

PART 06

03 근골격계질환의 특징에 대하여 3가지 이상 서술하시오.

정답 ① **발생의 최소화** : 발생 시 경제적 피해가 크므로 최우선 목표임.
② **집단적 환자 발생** : 자각증상으로 시작되고, 집단적으로 환자가 발생하는 것이 특징임.
③ **복합적 질병화** : 증상이 나타난 후 조치하지 않으면 근육 및 관절 부위의 장애, 신경 및 혈관 장애 등 단일 형태 또는 복합적인 질병으로 악화되는 경향이 있음.
④ **작업의 단순성** : 단순 반복작업이나 움직임이 없는 정적인 작업에 종사하는 사람에게 많이 발병함.
⑤ **유해인자의 모호성** : 업무상 유해인자와 비 업무적인 요인에 의한 질환이 구별이 잘 안 됨.
⑥ **작업환경 측정평가의 객관성 결여** : 영향을 주는 작업요인이 모호함.

04 근골격계질환의 발생원인에 대하여 3가지 이상 서술하시오.

정답 ① 반복적인 동작
② 부자연스러운 자세(부적절한 자세)
③ 무리한 힘의 사용(중량물 취급, 수공구 취급)
④ 접촉스트레스(작업대 모서리, 키보드, 작업 공구 등에 의해 손목, 팔 등이 지속적으로 해당 신체 부위가 충격을 받게 됨)
⑤ 진동 공구 취급작업
⑥ 기타요인(부족한 휴식시간, 극심한 저온 또는 고온, 스트레스, 너무 밝거나 어두운 조명 등)

05 인간공학에서 고려해야 할 인간의 특성에 대하여 3가지 이상 쓰시오.

정답
① 인간의 습성
② 기술·집단에 대한 적응능력
③ 신체의 크기와 작업환경
④ 감각과 지각
⑤ 운동과 근력
⑥ 민족

06 인지 특성을 고려한 설계 원리에서 양립성의 정의를 서술하시오.

정답 조작, 작동, 지각 등의 관계가 인간이 기대하는 바와 일치하는 것을 말한다.

참고 **종류** : 운동 양립성, 공간적 양립성, 개념적 양립성

07 휴먼에러의 발생 요인 4가지를 서술하시오.

정답
① **인간요인** : 실수(부주의에 의한 실수), 망각(기억 실패에 의한 망각), 무의식 등
② **설비요인** : 기계 설비의 결함
③ **작업요인** : 작업환경 불량
④ **관리요인** : 안전관리 규정이 잘 갖추어지지 않음.

PART 06

08 휴먼에러 발생단계의 3가지 에러에 대하여 서술하시오.

---

① **인지 확인 에러** : 외부의 정보가 대뇌에 전달되기까지의 실수
② **판단 기억 에러** : 의사결정 후 동장 명령까지의 실수(기억 실패 포함)
③ **조작 에러** : 동작이 현실로 나타나기까지의 조작 실수(작업자의 기술 미숙, 경험 부족)

09 연구자 안전을 위해서는 개인보호구에 대한 지속적인 관리가 필요하다. 개인보호구의 관리 및 유지 조건에 대하여 3가지 이상 쓰시오.

---

① 사용 전 육안 점검을 통해 파손 여부를 확인
② 파손됐을 경우, 보호구를 교체하거나 폐기해야 함.
③ 개인보호구는 제조사의 안내에 따라 보관되어야 함.
④ 호흡보호구의 경우, 필터의 유효기간을 확인하고 정기적인 교체가 필요
⑤ 필터 교체일 또는 교체 예정일을 표기해야 함.
⑥ 개인보호구는 쉽게 파손되지 않는 자리에 배치해 두어야 함.
⑦ 개인보호구는 연구활동종사자, 방문자들이 쉽게 찾을 수 있는 장소에 배치

10 전체환기 적용 시 조건에 대해 3가지 이상 서술하시오.

정답 ① 유해물질의 발생량이 적고, 독성이 비교적 낮은 경우
② 동일한 작업장에 다수의 오염원이 분산되어 있는 경우
③ 소량의 유해물질이 시간에 따라 균일하게 발생될 경우
④ 유해물질이 가스나 증기로 폭발 위험이 있는 경우
⑤ 배출원이 이동성인 경우
⑥ 오염원이 작업자가 작업하는 장소로부터 멀리 떨어져 있는 경우
⑦ 국소배기장치로 불가능할 경우

참고 **전체환기의 정의**
자연적 또는 기계적인 방법에 따라 작업장 내의 열수증기 및 유해물질을 희석, 환기시키는 장치 또는 설비로, 자연환기와 강제환기가 있다.

11 전체환기장치 설치 시 유의사항에 대하여 3가지 이상 서술하시오.

정답 ① 배풍기만을 설치하여 열 수증기 및 오염물질을 희석 환기하고자 할 때는 희석공기의 원활한 환기를 위하여 배기구를 설치해야 한다.
② 배풍기만을 설치하여 열수증기 및 유해물질을 희석, 환기하고자 할 때는 발생원 가까운 곳에 배풍기를 설치하고, 근로자의 후위에 적절한 형태 및 크기의 급기구나 급기시설을 설치하여야 하며, 배풍기의 작동 시에는 급기구를 개방하거나 급기시설을 가동하여야 한다.
③ 외부 공기의 유입을 위하여 설치하는 배풍기나 급기구에는 외부로부터 열, 수증기 및 유해물질의 유입을 막기 위한 필터나 흡착설비 등을 설치해야 한다.
④ 작업장 외부로 배출된 공기가 당해 작업장 또는 인접한 다른 작업장으로 재유입되지 않도록 필요한 조치를 하여야 한다.

PART 06

12 전체환기시설 설치 시 기본원칙 4가지를 서술하시오.

정답 ① 오염물질 사용량을 조사하여 필요환기량을 계산한다.
② 배출공기를 보충하기 위하여 청정공기를 공급한다.
③ 오염물질의 배출구는 가능한 한 오염원으로부터 가까운 곳에 설치하여 '점환기'의 효과를 얻는다.
④ 공기배출구와 근로자의 작업위치 사이에 오염원이 위치해야 한다.

13 국소배기가 전체환기와 비교하여 갖는 장점을 3가지 이상 서술하시오.

정답 ① 전체환기는 희석에 의한 저감으로서 완전 제거가 불가능하나, 국소배기는 발생원 상에서 포집·제거하므로 유해물질의 완전 제거가 가능하다.
② 국소배기는 전체환기에 비해 필요환기량이 적어 경제적이다.
③ 작업장 내의 방해기류나 부적절한 급기에 의한 영향을 적게 받는다.
④ 유해물질에 의한 작업장 내의 기계 및 시설물을 보호할 수 있다.
⑤ 비중이 큰 침강성 물질도 제거가 가능하므로 작업장 관리(청소 등) 비용을 절감할 수 있다.

14 국소배기장치의 적용 시 조건에 대하여 3가지 이상 서술하시오.

정답 ① 유해물질의 독성이 강하고, 발생량이 많은 경우
② 높은 증기압의 유기용제가 발생하는 경우
③ 작업자의 작업 위치가 유해물질 발생원에 가까이 근접해 있는 경우
④ 발생 주기가 균일하지 않은 경우
⑤ 발생원이 고정된 경우
⑥ 법적 의무 설치사항인 경우

참고 **국소배기장치의 정의**
발생원에서 발생되는 유해물질을 후드, 덕트, 공기정화장치, 배풍기 및 배기구를 설치하여 배출하거나 처리하는 장치

15 흄후드의 설치 및 운영기준에 대하여 3가지 이상 서술하시오.

정답 ① 면속도 확인 게이지가 부착되어 수시로 기능 유지 여부를 확인할 수 있어야 한다.
② 후드 내부를 깨끗하게 관리하고, 후드 안의 물건은 입구에서 최소 15cm 이상 떨어져 있어야 한다.
③ 후드 안에 머리를 넣지 말아야 한다.
④ 필요시 추가적인 개인보호장비 착용한다.
⑤ 후드 새시(sash, 내리닫이 창)는 실험 조작이 가능한 최소 범위만 열려 있어야 한다.
⑥ 미사용 시 창을 완전히 닫아야 한다.
⑦ 콘센트나 다른 스파크가 발생할 수 있는 원천은 후드 내에 두지 않아야 한다.
⑧ 흄후드에서의 스프레이 작업은 화재 및 폭발 위험이 있으므로 금지한다.
⑨ 흄후드를 화학물질의 저장 및 폐기 장소로 사용해서는 안 된다.
⑩ 가스상물질은 최소 면속도 0.4m/sec 이상, 입자상물질은 0.7m/sec 이상 유지한다.

PART 06

16 덕트의 설치기준을 3가지 이상 서술하시오.

정답 ① 가능한 한 길이는 짧게, 굴곡부의 수는 적게 설치
② 가능한 후드에 가까운 곳에 설치
③ 접합부의 안쪽은 돌출된 부분이 없도록 할 것
④ 덕트 내 오염물질이 쌓이지 않도록 이송 속도를 유지할 것
⑤ 연결부위 등은 외부 공기가 들어오지 않도록 설치
⑥ 덕트의 진동이 심한 경우, 진동전달을 감소시키기 위하여 지지대 등을 설치
⑦ 덕트끼리 접합 시 가능하면 비스듬하게 접합(직각으로 접합하는 것보다 압력손실이 적음)

17 공기정화장치의 설치 시 주의사항에 대하여 3가지 이상 서술하시오.

정답 ① 마모, 부식과 온도에 충분히 견딜 수 있는 재질로 선정한다.
② 공기정화장치에서 정화되어 배출되는 배기 중 유해물질의 농도는 법에서 정한 바에 따른다.
③ 압력손실이 가능한 한 작은 구조로 설계해야 한다.
④ 화재·폭발의 우려가 있는 유해물질을 정화하는 경우에는 방산구를 설치하는 등 필요한 조치를 해야 하고, 방산구를 통해 배출된 유해물질에 의한 근로자의 노출이나 2차 재해의 우려가 없도록 해야 한다.
⑤ 접근과 청소 및 정기적인 유지보수가 용이한 구조여야 한다.
⑥ 공기정화장치 막힘에 의한 유량 감소를 예방하기 위해 공기정화장치는 차압계를 설치하여 상시 차압을 측정해야 한다.

참고 **공기정화장치의 정의**
후드 및 덕트를 통해 반송된 유해물질을 정화시키는 고정식 또는 이동식의 제진, 집진, 흡수, 흡착, 연소, 산화, 환원 방식 등의 처리장치이다.

18 원심력 집진장치에서 블로다운(Blow-down) 효과에 대해 3가지 이상 쓰시오.

정답 ① 난류현상 억제
② 가교현상 현상 방지
③ 유효원심력 증대
④ 장치폐쇄 방지

19 송풍기 설치 시 주의사항에 대하여 3가지 이상 서술하시오.

정답 ① 송풍기는 가능한 한 옥외에 설치한다.
② 송풍기 전후에 진동전달을 방지하기 위하여 캔버스를 설치하는 경우 캔버스의 파손 등이 발생하지 않도록 조치한다.
③ 송풍기의 전기제어반을 옥외에 설치하는 경우 옥내작업장의 작업영역 내에 국소배기장치를 가동할 수 있는 스위치를 별도로 부착한다.
④ 옥내작업장에 설치하는 송풍기는 발생하는 소음 및 진동에 대한 밀폐시설, 흡음시설, 방진시설 설치 등 소음·진동 예방조치를 해야 한다.
⑤ 송풍기에서 발생한 강한 기류음이 덕트를 거쳐 작업장 내부 또는 외부로 전파되는 경우, 소음감소를 위하여 소음감소장치를 설치하는 등 필요한 조치를 해야 한다.
⑥ 송풍기의 설치 시 기초대는 견고하게 하고 평형상태를 유지하되, 바닥으로의 진동의 전달을 방지하기 위하여 방진스프링이나 방진고무를 설치한다.
⑦ 송풍기는 구조물 지지대, 난간 등과 접속하지 않아야 한다.
⑧ 강우, 응축수 등에 의한 송풍기의 케이싱과 임펠러의 부식을 방지하기 위하여 송풍기 내부에 고인 물을 제거할 수 있도록 밸브를 설치해야 한다.
⑨ 송풍기의 흡입부분 또는 토출부분에 댐퍼를 사용하면 반드시 댐퍼고정장치를 설치하여 작업자가 송풍기의 송풍량을 임의로 조절할 수 없는 구조로 해야 한다.

PART 06

20 배기구의 설치에 대하여 3가지 이상 서술하시오.

① 옥외에 설치하는 배기구는 지붕으로부터 1.5m 이상 높게 설치한다.

② 배출된 공기가 주변 지역에 영향을 미치지 않도록 상부 방향으로 10m/s 이상 속도로 배출한다.

③ 배출된 유해물질이 당해 작업장으로 재유입되거나 인근의 다른 작업장으로 확산되어 영향을 미치지 않는 구조로 설치한다.

④ 내부식성, 내마모성이 있는 재질로 설치한다.

⑤ 공기 유입구와 배기구는 서로 일정 거리만큼 떨어지게 설치한다

21 샤워설비의 설치기준에 대하여 3가지 이상 서술하시오.

① 비상샤워장치는 흄후드 등 위험물질 취급지역으로부터 약 15m(10초 이내에 도달) 위치에 설치하여야 한다.

② 각 층마다 설치하여야 하며, 비상시 접근하는 데 방해가 되는 장애물이 있어서는 안 된다(다만, 세안장치나 세면설비를 함께 설치한 경우에 세안장치나 세면설비는 방해물로 보지 않는다).

③ 사용자가 쉽게 접근하여 작동시킬 수 있도록 작동밸브 높이는 170cm 이내로 설치하여야 한다.

④ 샤워설비의 헤드높이는 210~240cm에 설치, 세척용수를 전면에 골고루 분사할 수 있어야 한다.

2차 시험 대비
실전 모의고사

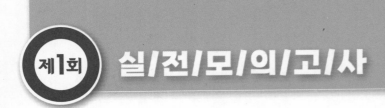

제1회 실/전/모/의/고/사

01 「연구실 안전환경 조성에 관한 법률」에 따른 중대연구실사고의 정의와 기준을 서술하시오.

정답 **(1) 정의**
연구실사고 중 손해 또는 훼손의 정도가 심한 사고, 사망사고 등 과학기술정보통신부령으로 정하는 사고로서, 다음 기준의 어느 하나에 해당하는 사고
(2) 기준
① 사망자 또는 후유장해 1급부터 9급까지에 해당하는 부상자가 1명 이상 발생한 사고
② 3개월 이상의 요양이 필요한 부상자가 동시에 2명 이상 발생한 사고
③ 3일 이상의 입원이 필요한 부상을 입거나 질병에 걸린 사람이 동시에 5명 이상 발생한 사고
④ 법 및 시행령에 따른 연구실의 중대한 결함으로 인한 사고

참고 연구실안전법 제2조(정의), 시행규칙 제2조(중대연구실사고의 정의)

02 「연구실 안전환경 조성에 관한 법률 시행령」에 따른 연구실안전환경관리자의 업무를 3가지 이상 서술하시오.

정답 ① 안전점검·정밀안전진단 실시 계획의 수립 및 실시
② 연구실 안전교육계획 수립 및 실시
③ 연구실사고 발생의 원인조사 및 재발 방지를 위한 기술적 지도·조언
④ 연구실 안전환경 및 안전관리 현황에 관한 통계의 유지·관리
⑤ 안전관리규정을 위반한 연구활동종사자에 대한 조치의 건의
⑥ 그 밖에 안전관리규정이나 다른 법령에 따른 연구시설의 안전성 확보에 관한 사항

참고 연구실안전법 시행령 제8조(연구실안전환경관리자 지정 및 업무 등)

03 다음의 경고표지가 나타내는 위험성을 한 가지씩 쓰시오.

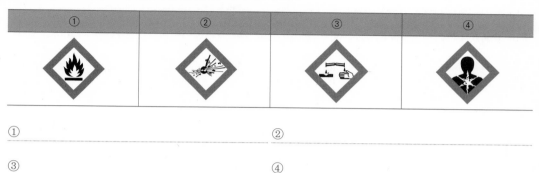

①	②	③	④

① _____   ② _____

③ _____   ④ _____

> **정답** ① 인화성, 자연발화성
>
> ② 폭발성
>
> ③ 금속부식성, 피부부식성
>
> ④ 호흡기 과민성, 발암성, 생식세포 변이원성, 생식독성

04 아세틸렌의 저장용기 색상과 폭발범위, 위험도를 쓰시오.

> **정답** ① 저장용기 색상 : 황색
>
> ② 폭발범위 : 2.5~81%
>
> ③ 위험도 : 31.4

> **참고** ① 공업용 가스의 용기 색상
>
> | 공업용 가스 | 공업용 용기 색상 |
> |---|---|
> | 아세틸렌(C_2H_2) | 황색 |
> | 암모니아(NH_3) | 백색 |
> | 수소(H_2) | 주황색 |
> | 염소(Cl_2) | 갈색 |
> | 산소(O_2) | 녹색 |
> | 이산화탄소(CO_2) | 청색 |
> | 기타 가스 | 회색 |
>
> ② 주요 가스의 폭발범위
>
> | 가연성가스 | 폭발하한계(%) | 폭발상한계(%) |
> |---|---|---|
> | 아세틸렌 | 2.5 | 81 |
> | 산화에틸렌 | 3 | 80 |
> | 수소 | 4 | 75 |
> | 이황화탄소 | 1.2 | 44 |
> | 프로판 | 2.1 | 9.5 |
> | 메탄 | 5 | 15 |
> | 부탄 | 1.8 | 8.4 |
>
> ③ 아세틸렌 위험도(H) = $\dfrac{\text{폭발상한계}(U) - \text{폭발하한계}(L)}{\text{폭발하한계}(L)}$ = $\dfrac{81 - 2.5}{2.5}$ = 31.4

05 기계의 위험점의 종류를 3가지 이상 서술하시오.

정답 ① **협착점(Squeeze point)** : 왕복운동을 하는 동작부분과 움직임이 없는 고정부분 사이에 형성되는 위험점
  예 프레스 금형조립부위, 전단기의 누름판 및 칼날 부위
② **끼임점(Shear point)** : 고정부분과 회전하는 동작부분이 함께 만드는 위험점
  예 회전 풀리와 베드 사이, 연삭숫돌과 작업대 사이
③ **절단점(Cutting point)** : 고정부분과 운동부분이 만드는 위험점이 아니고, 회전하는 운동부분 자체의 위험이나 운동하는 기계부분 자체의 위험에서 초래되는 위험점
  예 목공용 기계톱날부분, 밀링 커터부분
④ **물림점(Nip point)** : 회전하는 두 개의 회전체에 물려 들어가는 위험성이 있는 곳을 말하며, 위험점이 발생하는 조건은 회전체가 서로 반대 방향으로 맞물려 회전
  예 기어물림점, 롤러회전에 의한 물림점
⑤ **접선물림점(Tangential nip point)** : 회전하는 부분의 접선방향으로 물려 들어갈 위험이 존재하는 위험점
  예 풀리와 벨트, 체인과 기어
⑥ **회전말림점(Trapping point)** : 회전하는 물체에 작업복 등이 말려 들어갈 위험이 존재하는 위험점
  예 나사회전부, 드릴, 커플링

---

06 기계·기구 및 설비의 본질적 안전조건(안전설계 방법) 4가지를 서술하시오.

정답 ① 설계단계부터 가능한 한 조작상의 위험이 없도록 설계해야 한다.
② 안전설계 기능이 기계설비에 내장되어 있어야 한다.
③ 페일세이프(Fail Safe)의 기능을 가지고 있어야 한다.
④ 풀프루프(Fool Proof)의 기능을 가지고 있어야 한다.

참고 • **페일세이프(Fail Safe)**
  기계·기구 또는 그 부품이 파손되거나 고장이 발생해도 기계·설비가 항시 안전하게 작동되는 기능
• **풀프루프(Fool Proof)**
  인간이 기계 등의 취급을 잘못해도 그것이 바로 사고나 재해와 연결되는 일이 없는 기능

07 다음 두 정의가 공통으로 말하는 개념이 무엇인지 쓰시오.

> • 감염병의 전파, 격리가 필요한 유해 동물, 외래종이나 유전자변형생물체의 유입 등에 의한 위해를 최소화하기 위한 일련의 선제적 조치 및 대책을 말한다.
> • 생물학적 물질의 도난이나 의도적인 유출을 막고 잠재적 위험성이 있는 생물학적 물질이 잘못 사용되는 상황을 사전 방지하기 위한 협의 개념도 포함된다.

정답 생물보안

참고 **생물보안의 요소**
물리적 보안, 기계적 보안, 인적 보안, 정보 보안, 물질통제 보안, 이동 보안, 프로그램 관리 등의 보안 요소

08 「유전자변형생물체의 국가간 이동 등에 관한 법률 시행령」에 따른 유전자변형생물체의 용기나 포장 또는 수입송장에 표시하여야 하는 사항을 3개 이상 서술하시오.

정답 ① 유전자변형생물체의 명칭·종류·용도 및 특성
② 유전자변형생물체의 안전한 취급을 위한 주의사항
③ 유전자변형생물체의 개발자 또는 생산자, 수출자 및 수입자의 성명·주소 및 전화번호
④ 유전자변형생물체에 해당하는 사실
⑤ 환경방출로 사용되는 유전자변형생물체 해당 여부

참고 유전자변형생물체법 시행령 제24조(표시사항)

09 감전사고 방지대책을 3가지 이상 서술하시오.

① 보호접지   ② 이중절연구조 채택
③ 안전전압 이하의 기기 사용   ④ 보호절연
⑤ 회로의 전기적 격리   ⑥ 절연열화 촉진을 방지

10 분말소화기의 종류와 구성 성분, 적응화재를 각각 서술하시오.

① **제1종 분말소화기**   ② **제2종 분말소화기**
    • **구성성분** : 탄산수소나트륨   • **구성성분** : 탄산수소칼륨
    • **적응화재** : B(유류화재), C(전기화재)   • **적응화재** : B(유류화재), C(전기화재)

③ **제3종 분말소화기**   ④ **제4종 분말소화기**
    • **구성성분** : 인산암모늄   • **구성성분** : 탄산수소칼륨과 요소
    • **적응화재** : A(일반화재), B(유류화재), C(전기화재)   • **적응화재** : B(유류화재), C(전기화재)

참고 화재 종류별 소화 방법

종류	A급 화재	B급 화재	C급 화재	D급 화재
명칭	일반화재	유류화재	전기화재	금속화재
가연물	목재, 종이, 섬유	유류, 가스	전기	Mg분, Al분
주된 소화 효과	냉각 효과	질식 효과	질식, 냉각 효과	질식 효과
적응 소화약제	• 물 소화약제 • 강화액 소화약제	• 포 소화약제 • CO₂ 소화약제 • 분말 소화약제 • 증발성 액체 소화약제	• 유기성 소화약제 • CO₂ 소화약제 • 분말 소화약제	• 건조사 • 팽창 질석 • 팽창 진주암
구분색	백색	황색	청색	

11 작업설계 및 개선에서 인체 특성을 고려한 설계에 대하여 3가지 이상 서술하시오.

_____

_____

_____

> **정답** ① 작업장 및 작업에 사용하는 설비·기구 등은 인체 특성에 맞게 설계 및 개선되어야 한다.
> ② 인체 특성 시 조절식 설계 → 극단치 설계 → 평균치 설계 순서로 설계하는 것이 바람직하다.
> ③ **조절식 설계** : 체격이 다른 여러 사람에게 사용자가 직접 크기를 조절할 수 있도록 조절식으로 만드는 것이다.
> ④ **극단치 설계** : 특정 설비를 설계할 때 어떤 인체 측정 특성의 한 극단에 속하는 사람을 대상으로 설계하면, 거의 모든 사람을 수용할 수 있는 경우에는 극단치를 이용한 설계를 한다.
> ⑤ **평균치 설계** : 최대 치수나 최소 치수를 기준으로 설계하기도 부적절한 경우에는 평균치를 기준으로 한 설계 개념을 적용한다.

12 유해물질 취급 연구실 등에 설치되어 있는 세안장치의 설치 및 운영기준에 대하여 3가지 이상 서술하시오.

_____

_____

_____

> **정답** ① 강산이나 강염기를 취급하는 곳에는 바로 옆에, 그 외의 경우에는 10초 이내에 도달할 수 있는 위치에 설치하며, 비상시 접근하는 데 방해물이 있어서는 안 된다.
> ② 설치 높이는 85~115cm 사이가 적합하다.
> ③ 연구활동종사자에게 잘 보이는 곳에 세안장치 안내표지판을 설치하여야 한다.
> ④ 연구실 내의 모든 인원이 쉽게 접근하고 사용할 수 있도록 준비되어 있어야 한다.

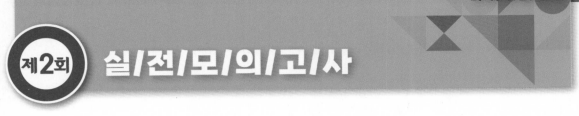

01 「연구실 안전환경 조성에 관한 법률」에 따른 연구실안전관리위원회에서 협의하여야 할 사항을 3가지 이상 서술하시오.

정답 ① 안전관리규정의 작성 또는 변경
② 안전점검 실시 계획의 수립
③ 정밀안전진단 실시 계획의 수립
④ 안전 관련 예산의 계상 및 집행 계획의 수립
⑤ 연구실 안전관리 계획의 심의
⑥ 그 밖에 연구실 안전에 관한 주요사항

참고 연구실안전법 제11조(연구실안전관리위원회)

02 연구실 안전관리규정에 포함하여야 하는 사항을 3가지 이상 서술하시오.

정답 ① 안전관리 조직체계 및 그 직무에 관한 사항
② 연구실안전환경관리자 및 연구실책임자의 권한과 책임에 관한 사항
③ 연구실안전관리담당자의 지정에 관한 사항
④ 안전교육의 주기적 실시에 관한 사항
⑤ 연구실 안전표식의 설치 또는 부착
⑥ 중대연구실사고 및 그 밖의 연구실사고의 발생을 대비한 긴급대처 방안과 행동요령
⑦ 연구실사고 조사 및 후속대책 수립에 관한 사항
⑧ 연구실 안전 관련 예산 계상 및 사용에 관한 사항
⑨ 연구실 유형별 안전관리에 관한 사항
⑩ 그 밖의 안전관리에 관한 사항

참고 연구실안전법 제12조(안전관리규정의 작성 및 준수 등)

03 다음은 물질안전보건자료(Material Safety Data Sheets)의 자료 작성 시 포함하여야 할 내용이다. ( ) 안에 들어갈 말을 쓰시오. (순서는 상관없음)

(1) 화학제품과 회사에 관한 정보
(2) (①)
(3) 구성성분의 명칭 및 함유량
(4) 응급조치요령
(5) (②)
(6) (③)
(7) 취급 및 저장방법
(8) 노출방지 및 개인보호구

(9) 물리화학적 특성
(10) (④)
(11) (⑤)
(12) 환경에 미치는 영향
(13) (⑥)
(14) 운송에 필요한 정보
(15) 법적 규제 현황
(16) 그 밖의 참고사항

① _____ ② _____ ③ _____

④ _____ ⑤ _____ ⑥ _____

정답 ① 유해성·위험성
② 폭발·화재 시 대처방법
③ 누출사고 시 대처방법

④ 안정성 및 반응성
⑤ 독성에 관한 정보
⑥ 폐기 시 주의사항

04 폐기물 스티커에서 폐기물 정보 작성 시 기재사항을 서술하시오.

_____

_____

_____

정답 ① **최초 수집된 날짜**
② **수집자 정보** : 수집자 이름, 연구실, 전화번호 기록
③ **폐기물 정보**
• **용량** : kg 또는 L로 표시
• **상태** : 가급적 단일 화학종 수집, 수용액(pH paper를 이용 대략적인 pH 기록), 혼합물질(모든 혼합물질의 화학물질명과 농도를 명확히 기록), 유기용매(화학물질명을 명확히 기록)
• **화학물질명** : 포함하고 있는 모든 화학종을 기록하고 대략적인 농도를 퍼센트(%)로 나타낸다.
• **잠재적인 위험도** : 폭발성, 독성 등 잠재적인 위험을 가진 경우 해당사항을 모두 기록하여 취급 시 주의하도록 한다.
• **폐기물 저장소 이동 날짜**

05 기계·기구 설비의 안전화를 위한 기본원칙을 3가지 이상 서술하시오.

정답 ① 기계설비의 계획, 설계, 제작, 설치, 건설, 사용에서 폐기에 이르기까지 전 과정에 대한 안전조치를 취하여야 한다.
② 위험의 분류 및 결정
③ 설계에 의한 위험제거 또는 감소
④ 방호장치의 사용
⑤ 안전작업방법의 설정과 실시

06 기계·기구 및 설비의 본질적 안전화 조건(안전설계 방법)인 페일세이프(Fail Safe)와 풀프루프(Fool Proof)의 정의와 예시를 서술하시오.

정답 **(1) 페일세이프(Fail Safe)**
① **정의**
기계·기구 또는 그 부품이 파손되거나 고장이 발생해도 기계·설비가 항시 안전하게 작동되는 기능
② **예시**
• 전기난로가 쓰러지면 자동으로 소화가 되도록 하는 구조
• 승강기의 정전 시 제동장치가 작동하는 구조
• 철도신호가 고장 나면 청색 신호가 적색 신호로 바뀌어 열차가 정지할 수 있도록 하는 구조
(2) 풀프루프(Fool Proof)
① **정의**
인간이 기계 등의 취급을 잘못해도 그것이 바로 사고나 재해와 연결되는 일이 없는 기능
② **예시**
• 기계 회전부에 방호울·덮개 부착
• 선풍기의 가드에 손이 닿으면 날개의 회전 멈춤
• 승강기에서 중량제한이 초과되면 가동 중지
• 동력전달장치의 덮개를 벗기면 운전이 자동으로 정지
• 작업자의 손이 프레스의 금형 사이로 들어가면 슬라이드의 하강이 정지
• 크레인의 권과방지장치는 와이어로프가 과도하게 감기는 것을 방지

07 다음은 「유전자변형생물체에 관한 국가간 이동 등에 관한 법률」에서 사용하는 용어의 정의이다. (   ) 안에 들어갈 말을 쓰시오.

> - "(①   )"(이)란 현대생명공학기술을 이용하여 새롭게 조합된 유전물질을 포함하고 있는 생물체를 말한다.
> - "(②   )"(이)란 위해성심사를 거친 유전자변형식물끼리 교배하여 얻은 유전자변형식물을 말한다.
> - "(③   )"(이)란 유전자변형생물체를 시설, 장치, 그 밖의 구조물을 이용하여 밀폐하지 아니하고 의도적으로 자연환경에 노출되게 하는 것을 말한다.

①   ②   ③

정답 ① 유전자변형생물체
② 후대교배종
③ 환경방출

참고 유전자변형생물체법 제2조(정의)

08 「유전자재조합실험지침」에 따른 기관생물안전위원회의 구성 요건에 대해 서술하시오.

정답 기관생물안전위원회는 위원장 1인 및 생물안전관리책임자 1인, 외부위원 1인을 포함한 5인 이상의 내·외부위원으로 구성한다.

참고 유전자재조합실험지침 제20조(기관생물위원회)
기관생물안전위원회의 업무
- 유전자재조합실험의 위해성평가 심사 및 승인에 관한 사항
- 생물안전 교육·훈련 및 건강관리에 관한 사항
- 생물안전관리규정의 제·개정에 관한 사항
- 기타 기관 내 생물안전 확보에 관한 사항

09 「위험물안전관리법 시행규칙」에 따른 제4류 위험물과 혼재 가능한 위험물의 종류를 서술하시오.

> **정답** 제2류 위험물, 제3류 위험물, 제5류 위험물

> **참고** **유별을 달리하는 위험물의 혼재 기준**
>
> | 위험물의 구분 | 제1류 | 제2류 | 제3류 | 제4류 | 제5류 | 제6류 |
> |---|---|---|---|---|---|---|
> | 제1류 | | × | × | × | × | ○ |
> | 제2류 | × | | × | ○ | ○ | × |
> | 제3류 | × | × | | ○ | × | × |
> | 제4류 | × | ○ | ○ | | ○ | × |
> | 제5류 | × | ○ | × | ○ | | × |
> | 제6류 | ○ | × | × | × | × | |
>
> 비고 : • "X" 표시는 혼재할 수 없음을, "○" 표시는 혼재할 수 있음을 표시한다.
> • 이 표는 지정수량의 1/10 이하의 위험물에 대하여는 적용하지 아니한다.

10 유류화재, 금속화재, 전기화재 시 주수소화를 금지하고 있다. 주수소화 시 위험성에 대해 각각 서술하시오.

> **정답** ① **유류화재** : 유류화재의 경우 주수소화 시 소화용수가 뜨거운 유류표면에 유입되게 되면, 물이 수증기로 변하면서 급작스러운 부피 팽창으로 인해 유류가 탱크 외부로 분출되면서 화재면이 확산된다. (슬롭오버 현상)
> ② **금속화재** : 금속과 물이 만나게 되면 수소 등과 같은 가연성 기체를 형성하고, 이로 인한 화재폭발이 발생할 수 있다.
> ③ **전기화재** : 주수소화 시 감전위험성이 커진다.

11 휴먼에러의 예방과 관리에 대하여 3가지 이상 서술하시오.

정답 ① 작업에 적합한 작업자의 선발
② 작업 수행에 필요한 교육과 훈련 실시
③ 안전 행동을 위한 동기부여
④ 인간 행동을 고려한 설계시스템과 작업
⑤ 에러 제거 디자인
⑥ 에러 예방 디자인
⑦ 안전장치의 장착
⑧ 경보장치의 부착
⑨ 특수 절차서의 제공

12 사전유해인자위험분석의 정의와 대상 연구실에 대하여 서술하시오.

정답 **(1) 정의**
연구활동 시작 전 유해인자를 미리 분석하는 일련의 과정으로, 「산업안전보건법」상의 위험성평가와 유사하게 수행되는 활동
(2) 대상 연구실
① 유해화학물질 취급 연구실
② 유해인자 취급 연구실
③ 독성가스 취급 연구실

실/전/모/의/고/사

01 「연구실 안전환경 조성에 관한 법률 시행령」에 따라 2년마다 1회 이상 정기적으로 정밀안전진단을 실시해야 하는 연구실 3가지를 서술하시오.

정답 ① 「화학물질관리법」에 따른 유해화학물질을 취급하는 연구실
② 「산업안전보건법」에 따른 유해인자를 취급하는 연구실
③ 과학기술정보통신부령으로 정하는 독성가스를 취급하는 연구실

참고 연구실안전법 시행령 제11조(정밀안전진단의 실시 등)

02 「안전관리 우수연구실 인증제 운영에 관한 규정」에 따른 안전관리 우수연구실 인증심사 분야 중 연구실 안전환경 시스템분야 항목을 3가지 이상 서술하시오.

정답 ① 운영법규 등 검토　　　　　② 목표 및 추진계획
③ 사전유해인자위험분석　　　④ 조직 및 연구실책임자
⑤ 교육, 훈련 및 자격　　　　⑥ 의사소통 및 정보제공
⑦ 문서화 및 문서관리　　　　⑧ 비상시 대비 및 대응
⑨ 성과측정 및 모니터링　　　⑩ 시정조치 및 예방조치
⑪ 내부심사　　　　　　　　⑫ 연구주체의 장의 검토 및 반영

참고 안전관리 우수연구실 인증제 운영에 관한 규정 제9조(인증심사 방법 및 절차) 별표 1(인증심사 기준)

03 본질안전방폭구조에 대해 서술하시오.

정답 정상 시 및 사고 시(단선, 단락, 지락 등)에 발생하는 전기불꽃, 아크 또는 고온에 의하여 폭발성 가스 또는 증기에 점화되지 않는 것이 점화시험, 기타에 의하여 확인된 구조

참고 **방폭구조의 종류**

방폭구조	설명
내압방폭구조	방폭전기기기의 용기 내부에서 가연성가스의 폭발이 발생할 경우 그 용기가 폭발압력에 견디고, 접합면, 개구부 등을 통해 외부의 가연성가스에 인화되지 않도록 한 구조
유입방폭구조	용기 내부에 절연유를 주입하여 불꽃·아크 또는 고온발생부분이 기름 속에 잠기게 함으로써 기름면 위에 존재하는 가연성가스에 인화되지 않도록 한 구조
압력방폭구조	용기 내부에 보호가스(신선한 공기 또는 불활성가스)를 압입하여 내부압력을 유지함으로써 가연성가스가 용기내부로 유입되지 않도록 한 구조
안전증방폭구조	정상운전 중에 가연성가스의 점화원이 될 전기불꽃·아크 또는 고온부분 등의 발생을 방지하기 위해 기계적·전기적 구조상 또는 온도상승에 대해 특히 안전도를 증가시킨 구조
본질안전방폭구조	정상 시 및 사고(단선, 단락, 지락 등) 시에 발생하는 전기불꽃·아크 또는 고온부로 인하여 가연성가스가 점화되지 않는 것이 점화시험, 그 밖의 방법에 의해 확인된 구조
특수방폭구조	가연성가스에 점화를 방지할 수 있다는 것이 시험, 그 밖의 방법으로 확인된 구조
충전방폭구조	점화원이 될 수 있는 전기불꽃, 아크 또는 고온부분을 용기 내부의 적정한 위치에 고정시키고 그 주위를 충전물질로 충전하여 폭발성 가스 및 증기의 유입 또는 점화를 어렵게 하고 화염의 전파를 방지하여 외부의 폭발성 가스 또는 증기에 인화되지 않도록 한 구조이다.

04 부식성 폐기물에서 액체 상태의 폐산과 폐알칼리의 pH 기준을 각각 쓰시오.

① _____

② _____

정답 ① **폐산** : 액체 상태, pH 2 이하
② **폐알칼리** : 액체상태, pH 12.5 이상

실전 모의고사

05 기계설비 안전조건의 안전화 4가지를 서술하시오.

06 페일세이프(Fail Safe)의 기능적 분류에 대해 서술하시오.

07 생물연구에 있어서 미생물 및 감염성 물질 등을 취급 보존하는 실험 환경에서 안전하게 관리하는 방법을 확립하는 데 있어 기본적인 개념은 '밀폐'이다. 밀폐의 3가지 핵심 요소를 서술하시오.

정답 ① 안전시설
　　② 안전장비
　　③ 연구실 준수사항·안전관련 기술

참고 • **물리적 밀폐** : 실험의 생물안전 확보를 위한 연구시설의 공학적, 기술적 설치 및 관리·운영
　　• **생물학적 밀폐** : 유전자변형생물체의 환경 내 전파·확산 방지 및 실험의 안전 확보를 위하여 특수한 배양조건 이외에는 생존하기 어려운 숙주와 실험용 숙주 이외의 생물체로는 전달성이 매우 낮은 벡터를 조합시킨 숙주-벡터계를 이용하는 조치

08 「유전자변형생물체의 국가간 이동 등에 관한 통합고시」에 따라 기관장을 보좌해야 하는 생물안전관리책임자의 역할을 3개 이상 서술하시오.

정답 ① 기관생물안전위원회 운영에 관한 사항
　　② 기관 내 생물안전 준수사항 이행 감독에 관한 사항
　　③ 기관 내 생물안전 교육·훈련 이행에 관한 사항
　　④ 실험실 생물안전 사고조사 및 보고에 관한 사항
　　⑤ 생물안전에 관한 국내·외 정보수집 및 제공에 관한 사항
　　⑥ 기관 생물안전관리자 지정에 관한 사항
　　⑦ 기타 기관 내 생물안전 확보에 관한 사항

참고 **유전자변형생물체의 국가간 이동 등에 관한 통합고시 제9-9조(연구시설의 안전관리 등)**
　　생물안전관리자는 위 7개 사항 중 '기관 생물안전관리자 지정에 관한 사항'을 제외한 6개 사항에 관하여 생물안전관리책임자를 보좌하고 관련 행정 및 실무를 담당한다.

09 전기기계·기구 또는 전로 등의 충전부분에 첩촉하거나 접근함으로써 감전 위험을 방지하기 위한 방법을 3가지 이상 서술하시오.

정답
① 충전부가 노출되지 않도록 폐쇄형 외함이 있는 구조로 한다.
② 출입이 금지되는 장소에 충전부를 설치하고, 위험표시 등의 방법으로 방호를 강화한다.
③ 충전부에 충분한 절연효과가 있는 방호망이나 절연덮개를 설치한다.
④ 격리된 장소로서 관계 근로자가 아닌 사람이 접근할 우려가 없는 장소에 충전부를 설치한다.
⑤ 관계 근로자가 아닌 사람의 출입이 금지되는 장소에 충전부를 설치하고, 위험표시 등의 방법으로 방호를 강화한다.

참고 산업안전보건기준에 관한 규칙 제301조(전기기계·기구 등의 충전부 방호)

10 다음 정전기 대전에 대해 서술하시오.

① 마찰대전   ② 유동대전

정답
① 두 물체의 마찰에 의한 접촉위치의 이동으로 접촉과 분리의 과정을 거쳐 전하의 분리 및 재배열에 의한 정전기가 발생하는 현상이다.
② 액체류가 배관 등을 흐르면서 고체와의 접촉으로 정전기가 발생하는 현상이다.

참고 정전기 대전의 종류

종류	설명
마찰대전	두 물체의 마찰에 의한 접촉 위치의 이동으로 접촉과 분리의 과정을 거쳐 전하의 분리 및 재배열에 의한 정전기가 발생하는 현상
유동대전	액체류가 배관 등을 흐르면서 고체와의 접촉으로 정전기가 발생하는 현상
충돌대전	입자와 고체와의 충돌에 의해 빠른 접촉 분리가 일어나면서 정전기가 발생하는 현상
분출대전	기체, 액체, 분체류가 작은 구멍으로 분출될 때 물질의 분자 충돌로 정전기가 발생하는 현상
박리대전	서로 밀착해 있는 물체가 분리될 때 전하분리가 일어나서 정전기가 발생하는 현상

11 개인보호구를 적절하게 관리하는 기본적인 방법을 3가지 이상 서술하시오.

정답 ① 청결하고 깨끗하게 관리하여 사용자가 착용했을 때 불쾌함이 없어야 한다.
② 다른 사용자들과 공유하지 아니하여야 한다.
③ 사용 후 지정된 보관함에 청결하게 배치하여 다른 유해물질에 노출되지 않도록 한다.
④ 개인보호구 보관장소는 명확하게 표기되어 있어야 한다.
⑤ 구체적인 제조사 안내에 따라 개인보호구의 용도를 표기해 놓아야 한다.
⑥ 용도를 정확하게 표기하는 스티커와 로고가 부착되어야 한다.

12 후드의 안전검사 기준 중 후드의 설치 기준에 대해 3가지 이상 서술하시오.

정답 ① 유해물질 발산원마다 후드가 설치되어 있어야 한다.
② 후드 형태가 해당 작업에 방해를 주지 않고, 유해물질을 흡인하기에 적절한 형식·크기를 갖추어야 한다.
③ 작업자의 호흡 위치가 오염원과 후드 사이에 위치하지 않아야 한다.
④ 후드가 유해물질 발생원 가까이에 위치하여야 한다.

연구실안전관리사 2차 시험 과목별 적중예상문제집

2022. 9. 16. 초 판 1쇄 인쇄
2022. 9. 28. 초 판 1쇄 발행

지은이 | 강병규, 이홍주, 강지영
펴낸이 | 이종춘
펴낸곳 | BM ㈜도서출판 **성안당**

주소 | 04032 서울시 마포구 양화로 127 첨단빌딩 3층(출판기획 R&D 센터)
10881 경기도 파주시 문발로 112 파주 출판 문화도시(제작 및 물류)
전화 | 02) 3142-0036
031) 950-6300
팩스 | 031) 955-0510
등록 | 1973. 2. 1. 제406-2005-000046호
출판사 홈페이지 | www.cyber.co.kr
ISBN | 978-89-315-3363-7 (13500)
정가 | 18,000원

이 책을 만든 사람들

책임 | 최옥현
진행 | 박현수
교정·교열 | 스마트잇(이용현, 최성희)
전산편집 | 상:想 company
표지 디자인 | 박원석
홍보 | 김계향, 이보람, 유미나, 이준영
국제부 | 이선민, 조혜란, 권수경
마케팅 | 구본철, 차정욱, 오영일, 나진호, 강호묵
마케팅 지원 | 장상범, 박지연
제작 | 김유석